PETIT TRAITÉ

DE

CULTURE MARAICHÈRE

Coulommiers. — Imp. P. BRODARD et GALLOIS.

PETIT TRAITÉ

DE

CULTURE MARAICHÈRE

A L'USAGE

DES FERMES-ÉCOLES ET DES ÉCOLES PRIMAIRES

PAR

VICTOR RENDU

INSPECTEUR GÉNÉRAL H^re DE L'AGRICULTURE

QUATRIÈME ÉDITION

PARIS

LIBRAIRIE HACHETTE ET Cie

79, BOULEVARD SAINT-GERMAIN, 79

—

1885

A

MONSIEUR DURUY

Ancien ministre de l'Instruction publique,

PROMOTEUR DE L'ENSEIGNEMENT HORTICOLE

DANS LES ÉCOLES PRIMAIRES

HOMMAGE DE L'AUTEUR

PRÉFACE

Depuis longtemps, la culture maraîchère est pratiquée avec intelligence et succès aux environs des grandes villes, mais combien il s'en faut qu'elle rencontre partout les soins que réclament ses produits de première nécessité, si universellement recherchés! Dans la plupart de nos villages, dans presque toutes les fermes, c'est à peine si on lui accorde un minime morceau de terre, et encore n'y admet-on que les plantes potagères les plus grossières, alors que tant de bonnes espèces ou variétés, répandues sur différents points de la France, mériteraient d'y trouver place, au grand profit de la consommation des ménages, et de la richesse publique.

Mathieu de Dombasle l'a dit avec l'autorité de son nom et de sa vieille expérience, « rien ne « contribue davantage au bien-être des familles « et à l'entretien de la santé, dans la population

« rurale, que l'abondance de légumes bien choi-
« sis, qu'il est facile de se procurer pendant
« tout le cours de l'année. »

Ici, point de dépenses extraordinaires pour accroître sensiblement la masse des substances alimentaires, il suffit d'un potager bien établi, entretenu avec soin et peuplé de bonnes espèces de légumes, pour amener, sans coup férir, une heureuse abondance sur les tables champêtres, et en déverser l'excédant sur les marchés, où la culture potagère d'élite est toujours sûre de trouver un débouché facile et lucratif.

Nul n'ignore que le terrain consacré à la production des légumes rapporte infiniment plus que toute autre partie du sol affectée aux récoltes, même les plus riches, ce dernier fût-il trois fois plus étendu ; c'est que, dans la culture potagère, il n'y a pour ainsi dire point de chômage, le travail y est incessant, les récoltes s'y succèdent sans interruption, et le même carré de jardin donne souvent jusqu'à trois récoltes dans la même année ; c'est réellement la chaîne d'or sans fin, toutes les fois qu'un homme laborieux, intelligent et instruit dirige le potager : sa bêche enfante des merveilles.

Vulgariser les meilleurs procédés consacrés par une longue expérience; faire connaître les espèces et les variétés de légumes dont la cul-

ture est le plus profitable; initier les habitants
du moindre village aux secrets de l'art maraîcher
si habilement exercé près des grands centres;
appeler, enfin, l'attention des jeunes gens qui
fréquentent les fermes-écoles et les écoles primaires sur une carrière aussi honorable que lu-
crative, et les mettre à même d'y réussir, à l'aide
d'une étude spéciale, tel est l'objet principal de
ce livre. Il n'a pas la prétention d'être un traité
complet sur la matière, tel que le *Bon Jardinier*,
et les excellents ouvrages de MM. Noisette, Poi-
teau, Courtois-Gérard, etc., mais l'auteur a pensé
qu'en présentant, sous une forme abrégée, les
principaux détails de la culture maraîchère, on
pourrait rendre quelque service, et préparer de
jeunes intelligences à la pratique d'une profes-
sion qui exige, de plus en plus, savoir et bon
vouloir : l'avenir dira si cet opuscule répond à
son but.

Aux Berruères, novembre 1872.

PETIT TRAITÉ

DE

CULTURE MARAICHÈRE

La culture maraîchère a pour objet spécial la production des légumes employés dans l'économie domestique. De toutes les cultures en plein air, c'est la plus variée, la plus délicate, la plus fructueuse, mais c'est aussi celle qui exige le plus de soins, et la connaissance la plus complète des procédés minutieux qu'elle comporte. Son étude comprend les *notions générales* relatives au potager, telles que le sol, les engrais, la préparation du terrain, la multiplication et l'entretien des plantes, et les *cultures spéciales* concernant chaque espèce de légumes.

NOTIONS GÉNÉRALES

Le sol affecté à la culture est le résultat de la décomposition des roches qui constituent l'écorce du globe. Trois substances principales y dominent : le sable, la chaux et l'argile ; elles donnent leur nom aux terres où elles se trouvent en abondance.

La terre siliceuse ou sableuse n'offre aucun obstacle à la culture. Par suite de son extrême division, elle laisse rapidement évaporer l'eau, et s'échauffe avec facilité; les produits qu'on en retire sont ordinairement peu abondants, mais d'excellente qualité; ils réclament des fumures plus fréquentes qu'abondantes, et des arrosements copieux et répétés.

La terre calcaire offre plus de résistance que la terre siliceuse, aussi retient-elle mieux l'eau. Beaucoup de plantes refusent d'y croître quand elle n'est pas mêlée de sable et d'une certaine quantité d'argile; elle décompose promptement les engrais; les plantes y sont moins précoces que dans les terres siliceuses; elles y souffrent également de la sécheresse, et, par suite, demandent à être souvent arrosées.

La terre argileuse a des propriétés tout à fait différentes de celles des terres précédentes.

L'argile pure est rebelle à toute culture, à cause de son extrême ténacité. Pour qu'elle soit apte à produire, il faut qu'elle soit associée à une certaine proportion de sable, et, même dans ce cas, elle retient encore l'eau avec force, se durcit et se crevasse par la chaleur, se laisse difficilement entamer par les instruments, et convient, dès lors, à très peu de plantes : celles-ci peuvent à peine y étendre leurs racines quand le sol n'a pas été amélioré, de longue main, par le travail de l'homme. Pour recevoir la culture maraîchère, la terre argileuse doit avoir été amenée préalablement à un état suffisant de division par son mélange avec du sable, ou, mieux encore, avec du calcaire : sans perdre alors ses qualités distinctives, de conserver plus longtemps la fraîcheur, de supporter une plus forte dose de fumure, et d'en garder plus longtemps le bienfait, elle convient à un grand nombre de plantes utiles, et devient très-productive, sous l'influence combinée du travail, des engrais et de l'atmosphère; les alternatives de chaud et de froid, et surtout la gelée, contribuent singulièrement à la rendre perméable.

Le sol qui réunit naturellement une heureuse proportion de sable, de calcaire et d'argile, porte le nom de *terre franche*; ni trop légère ni trop forte, elle s'échauffe régulièrement, se maintient, plus que toute autre, au degré de fraîcheur que réclame la végétation, absorbe avec modération les engrais, et, sans exiger des efforts trop pénibles, donne des produits abondants et de bonne qualité : la plupart des végétaux y prospèrent.

Indépendamment de ces différentes sortes de terres, il en est encore une qui joue un rôle principal dans la culture maraîchère, c'est le *terreau*.

Le terreau provient de la décomposition des plantes avec ou sans mélange de matières animales. Quand il n'entre que des végétaux dans sa formation, il est plus léger, et moins actif que celui dans lequel se rencontrent d'autres substances; il convient surtout pour les semis de graines fines ou la multiplication de plantes très-délicates. En raison de son extrême porosité, il ne saurait donner appui aux plantes que pendant leur première croissance. Il se produit spontanément chaque année après la chute des feuilles, et chaque fois que les troncs d'arbres tombent en décomposition; le sol des forêts en contient une grande quantité. Il est facile, du reste, de s'en procurer, il suffit de ramasser tous les débris de la végétation et de les faire pourrir dans une fosse; cinq ou six mois après qu'ils ont séjourné en tas, on les retourne et on les brasse dans tous les sens; on active leur fermentation en les mouillant de temps en temps; ils peuvent être employés quand toutes les matières constituantes sont consommées, en d'autres termes lorsqu'elles sont réduites à l'état de terreau.

Le terreau végétal, associé à une certaine quantité de sable, donne lieu à la *terre* dite de *bruyère*; quand il s'est formé sous l'eau, il prend le nom de *tourbe*. Le terreau purement végétal est un très-bon couvert pour toute espèce de plante; sa couleur noirâtre fait qu'il s'échauffe facilement; il fournit, en outre, à la végétation une partie des substances nutritives qu'elle réclame; sous ce rapport, cependant, il est loin de valoir le *terreau mixte*, c'est-à-dire celui qui résulte du mélange des matières animales et végétales, tel que le présente le fumier. Ce dernier possède tous les éléments d'une haute fertilité; il s'échauffe sans peine; son action, plus ou moins énergique, selon l'espèce d'animaux qui l'a produit, se fait sentir pendant longtemps ; toutes les plantes y puisent une vigueur remarquable, il contribue enfin à donner aux terres fortes de la légèreté et de la porosité : la culture maraîchère en fait un usage continuel, elle ne saurait s'en passer.

Dans la création d'un jardin maraîcher, il ne suffit pas de connaître la nature du sol, il faut encore tenir compte des diverses circonstances qui peuvent influer sur sa prospérité; de ce nombre sont : l'exposition, les abris, l'état normal de sécheresse ou d'humidité du terrain, et les ressources qu'on y rencontre pour son arrosement.

L'emplacement du potager demande un sérieux examen. En effet, si, d'une manière générale, les lieux élevés souffrent moins de la chaleur, le froid, en revanche, y est plus vif et ils sont ordinairement battus du vent; les changements de température, surtout, s'y font sentir brusquement. Les lieux bas ont aussi leurs inconvénients; l'air ne s'y renouvelle pas aussi facilement que dans les lieux élevés, et la chaleur y est souvent très-forte; l'humidité, parfois, y règne avec excès, et, dans ce cas, le sol y subit un abaissement de température dont les plantes potagères ont plus à souffrir que les plantes de la grande culture. Un juste milieu ici, comme en toutes choses, est souvent préférable; toutefois, entre deux extrêmes, les bas-fonds conviennent mieux généralement pour le potager que les lieux élevés.

Agricolement parlant, aucune exposition n'est ni bonne ni mauvaise d'une manière absolue. Dans les pays froids, l'exposition du midi est préférable, celle du nord vaut mieux dans les climats chauds. A l'exposition du sud, les terres légères deviennent brûlantes en été, aussi ne conviennent-elles guère que pour les récoltes du printemps et de l'automne; les terres fortes, au contraire, exposées au nord, ne sont productives que pendant les grandes chaleurs. A l'est, les plantes ont à craindre les gelées printanières; l'exposition du couchant a souvent à souffrir du vent; l'exposition du sud-est, avec une légère inclinaison vers l'un de ses côtés, passe pour la meilleure, sous un climat modéré.

Quelle que soit, au surplus, l'exposition, on peut toujours la modifier et en contrebalancer les effets au moyen d'*abris*. On en distingue de plusieurs sortes : les murs, les haies, les plantations intercalaires et les paillassons.

Les murs ont l'inconvénient d'être très-coûteux, mais ils forment les meilleures clôtures, les abris les plus efficaces, et présentent, outre leur durée, l'avantage de pouvoir être utilisés comme espaliers. En général, il suffit de les élever à 2 mètres 50; plus leur couleur est foncée, mieux ils absorbent les rayons solaires.

Les haies tiennent lieu de murs comme clôtures, mais elles ne sont efficaces contre le froid ou la chaleur, qu'autant qu'elles sont formées d'arbustes plantés serrés et garnis d'un feuillage épais, depuis la base jusqu'au sommet, et qu'on peut les tailler régulièrement. Le cyprès, dans le midi; le houx, dans les pays froids; l'aubépine, le troëne, dans les climats tempérés, constituent les meilleures haies. On peut leur donner jusqu'à trois mètres d'élévation sur 50 à 60 centimètres d'épaisseur. Comme plantations intercalaires dans l'intérieur du potager, les divers thuyas, mais surtout celui d'Occident, forment d'excellents brise-vents. On peut aussi en établir d'artificiels à l'aide de branchages dressés verticalement en forme d'éventails et maintenus dans cette position par des gaules horizontales que soutiennent des piquets fichés en terre. Mais ces palissades mobiles ont besoin d'être fréquemment renouvelées, et elles ne préservent jamais la végétation aussi bien que de véritables plantations d'arbustes vivants.

A leur défaut, les paillassons peuvent venir en aide au maraîcher. Rien de plus simple que cette espèce d'abris, qu'on peut fabriquer soi-même à temps perdu, avec des roseaux ou de la paille de seigle.

Les paillassons ont communément de un à deux mètres de hauteur, et sont attachés droits à des pieux placés de distance en distance. Ils servent à plusieurs fins, pour abriter les jeunes semis du froid et de la chaleur, et pour garantir les bâches, couches et cloches, soit contre l'ardeur du soleil, soit contre les gelées diurnes ou nocturnes : leur confection n'entraîne qu'une dépense minime, et ils rendent de grands services à toutes les époques de l'année.

L'humidité et la sécheresse du terrain exercent une action capitale sur les produits de la culture maraîchère.

Tout sol où l'eau séjourne, rend les cultures très-casuelles et souvent improductives. La première des conditions pour un bon potager sera donc d'être bien assaini. On se débarrasse des eaux stagnantes par plusieurs procédés. Les eaux ne restent-elles que momentanément à la surface, on facilite leur écoulement, soit en donnant une légère pente au terrain, soit par de petites rigoles ouvertes, de distance en distance, selon l'inclinaison du terrain, et venant se relier à d'autres rigoles ménagées le long des allées et aboutissant à un fossé de décharge. Quand l'humidité n'affecte que la surface, et ne compromet pas sérieusement la végétation, il suffit souvent, pour y remédier, de diviser le terrain en planches plus ou moins nombreuses et plus ou moins bombées, séparées entre elles par des sentiers creux dont on rejette la terre sur les planches. Celles-ci seront tracées suivant la pente du terrain, et si le sol se trouvait de niveau, on donnerait une faible pente aux sentiers qui doivent tous aboutir à des rigoles ou à des fossés de décharge. Dans le cas où le sol pècherait par un excès de sécheresse, on suivrait une marche inverse, les sentiers seraient plus hauts que la planche. Mais si l'humidité provient du sol même, de simples saignées ne suffisent plus, il faut recourir au drainage. Cette opération consiste à placer au fond de tranchées creusées à un mètre vingt de profondeur, et de dix mètres en dix mètres ou de quinze mètres en quinze mètres, selon l'excès d'humidité, des tuyaux en terre cuite, à travers lesquels l'eau souterraine s'infiltre, se rend ensuite dans des collecteurs d'où elle se déverse dans des fossés de décharge. Les tuyaux, posés bout à bout, au fond des tranchées, doivent être garnis d'un cailloutis qu'on recouvre d'une couche de terre de 70 à 80 centimètres. De tous les moyens d'assainissement radical, c'est le plus puissant, et, en fin de compte, le plus économique, car lorsque l'opération a été bien conduite, le résultat est à tout jamais acquis ; aucune parcelle de terrain n'est perdue pour la culture, l'humidité ne reparaît plus à la surface, et l'air pénètre sans difficulté dans le sol ;

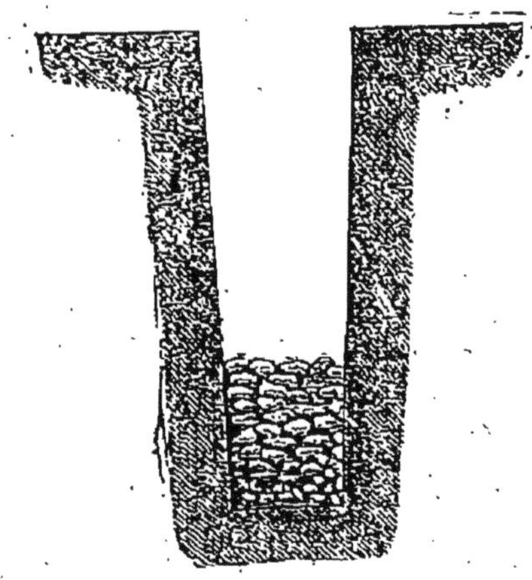

ajoutez que le drainage ne demande ni entretien ni réparations, ainsi qu'on y est souvent forcé dans le système des rigoles couvertes et des saignées à ciel ouvert partout abandonnées aujourd'hui, et bien moins efficaces dans leurs résultats.

L'extrême sécheresse du terrain, comme l'excès d'humidité du sol, est un défaut grave contre lequel on ne saurait trop se mettre en garde dans l'établissement d'un potager ; néanmoins, entre ces deux inconvénients, mieux vaut se placer dans un terrain humide qu'il est presque toujours possible d'assainir, que se heurter contre un terrain sec, si difficile à tirer de son infertilité relative. Les étangs ou les marais desséchés, les fonds tourbeux, les prairies fraîches, en un mot, les terres limoneuses et douces à travailler, conviennent mieux que tous les autres sols pour la production des légumes. Il faut, toutefois, que l'eau n'y manque pas, car la pluie ne suffit pas au potager, et, sans arrosements copieux et fréquents, on ne peut espérer tirer bon parti de terrains que leur destination spéciale rend ordinairement fort chers d'acquisition ou de location.

Faute d'une bonne eau de source, le potager doit être muni d'un puits, ou se trouver à proximité d'une mare où l'on ait la ressource de puiser abondamment.

Toute espèce d'eau n'est pas également bonne pour les plantes.

L'eau de pluie est, sans contredit, la meilleure pour la végétation, à cause des principes fertilisants qu'elle emprunte à l'atmosphère. Lorsqu'on n'a point de source ou de cours d'eau à sa disposition, il ne faut rien négliger pour recueillir les eaux des toits, et celles des chemins, toujours plus ou moins chargées d'engrais; rassemblées dans des bassins, à la partie basse du potager, elles sont réparties, au moyen de rigoles, dans de petits réservoirs où elles prennent la température de l'air ambiant, et où on les puise pour les arrosements.

L'eau de source, suivant les couches de terre qu'elle traverse, a plus ou moins de qualités. A son point de départ, elle a l'inconvénient d'être froide, et elle a besoin de s'équilibrer avec la température extérieure avant d'être utilement employée. Il en est de même des eaux de puits ; il faut les soumettre d'autant plus longtemps à l'action de l'air, qu'elles sont tirées d'une plus grande profondeur.

Quelle que soit, du reste, la nature des eaux qu'on emploie pour l'arrosage, on peut en corriger les défauts en jetant une certaine quantité de fumier dans

les réservoirs qui les tiennent en dépôt ; on neutralise ainsi leurs principes nuisibles, elles s'imprègnent des parties solubles du fumier, et se convertissent en engrais puissant dont l'effet se fait sentir immédiatement.

L'application de l'eau a ses règles dont l'importance ne doit pas être méconnue.

Toute eau d'arrosage donnée trop froide aux plantes leur est plus nuisible qu'utile, elle change brusquement leur température et leur occasionne des maladies. Distribuée à propos, sans parcimonie, comme sans exagération, elle produit les meilleurs effets sur les plantes quand elle a atteint une température de 15 à 20 degrés centigrades. Par un temps chaud, il convient d'arroser le soir ; de cette manière, les plantes

ne passent pas subitement du chaud au froid, et la fraîcheur procurée par l'arrosage se maintient pendant toute la nuit, tandis qu'elle s'évaporerait promptement si l'on arrosait au milieu du jour : au printemps et à l'automne, à cause de la fraîcheur des nuits et de la gelée qui peut survenir, on arrose le matin, après le soleil levé.

Excepté dans le Midi où l'irrigation à grande eau est à peu près la seule usitée, et se pratique au moyen de rigoles, l'arrosage, dans le reste de la France, se distribue avec des arrosoirs à pomme, percés de petits trous qui divisent l'eau sous forme de pluie. Lorsque l'arrosage est léger, il porte le nom de *bassinage*; on l'emploie surtout pour les semis. Quand l'arrosage est copieux, il s'appelle *mouillure*. Quelle que soit son abondance, l'eau ne doit jamais faire mare au pied des plantes ; elle doit s'imbiber à peu près en même temps qu'on la répand.

Après avoir fait choix du terrain qui convient au potager, et s'être placé dans les conditions générales qui permettent d'espérer le succès, il s'agit d'approprier le terrain aux différentes cultures qu'il est destiné à recevoir.

A-t-on affaire à un sol neuf, il faut le défoncer ; le potager a-t-il été déjà cultivé depuis un certain temps, il faut l'entretenir par des labours et des fumures, et lui donner ensuite toutes les menues façons de sarclage et binage qu'il réclame, et cela sans retard ni négligence, car si un potager bien tenu ne laisse pas que d'occasionner de fortes dépenses, rien de plus onéreux qu'un potager mal cultivé, il produit peu, et ne tarde pas à ruiner celui qui l'a laissé à l'abandon.

Lorsqu'on veut établir un potager sur un terrain neuf, il est rare qu'on ne soit pas obligé de défoncer le sol. Le défoncement peut être plus ou moins profond selon le parti qu'on veut tirer du potager. Si celui-ci ne doit produire que des légumes, une profondeur de 50 à 60 centimètres suffit. La terre qui provient du point où l'on a attaqué l'opération, est portée à l'autre extrémité du terrain ; le vide de la première tranchée est comblé avec la terre extraite de la seconde tranchée mesurant même largeur et même profondeur que la première; toutes les pierres et toutes les racines qui se rencontrent pendant ce travail, sont enlevées avec soin, afin que la végétation, plus tard, ne trouve point d'obstacle; on continue ainsi jusqu'à ce que le défoncement soit complètement achevé; parvenu à la dernière jauge, on la comble avec la terre provenant de la première tranchée. Le défoncement, pour être bien conduit, doit être entrepris, carré par carré, et non sur la surface entière à la fois; on se rend ainsi mieux compte de ce que l'on fait, et, quand la première partie a été bien exécutée, elle sert de modèle pour y conformer toutes les autres.

Toutes les fois que le sol ne doit pas être ensemencé prochainement, et il est rare qu'il le soit en hiver, époque la plus favorable pour le défoncement, il est avantageux de laisser le terrain en grosses mottes, dans l'état où la bêche l'a mis; la gelée et les variations de l'atmosphère se chargent de l'ameublir mieux que toute espèce d'instrument; mais si le potager doit être immédiatement en rapport, il est indispensable de le niveler après le défoncement; on le divise ensuite avec la fourche; le râteau achève de l'ameublir.

Le défoncement est le meilleur moyen de renouveler une terre épuisée par de longues cultures; quand on n'est pas obligé de regarder de trop près à la dépense, on se trouve toujours bien de faire passer chaque année par cette opération une partie du vieux potager, ses produits en reçoivent une notable impulsion, il est, en réalité, régénéré.

Au début d'un premier défoncement, il ne faut

pas compter sur de forts rendements, quelque soin qu'on apporte à la culture, et quelle que soit l'abondance d'engrais qu'on applique; la terre ne passe pas, sans coup férir, de l'état inerte à la fertilité, il faut qu'elle *se fasse* selon l'expression des praticiens; mais après deux ou trois ans d'un travail actif et intelligent, le potager, sans être encore arrivé à son maximum de production, est entré déjà dans une bonne voie, il paie largement sa rente : une fois saturé d'engrais, quand toutes ses molécules terreuses ont été brassées et rebrassées à chaque saison, toutes les plantes y prennent un grand développement : elles pénètrent plus avant dans le sol défoncé, elles y souffrent moins de la chaleur et de l'humidité; leur production y est pour ainsi dire illimitée, mais à la condition expresse que le tas de fumier et la main-d'œuvre ne leur feront jamais défaut.

Malgré ses avantages incontestables, le défoncement, quand il a été bien exécuté, n'a pas nécessairement besoin d'être renouvelé; dans la marche ordinaire des choses, de simples labours, aidés de binages, suffisent généralement pour maintenir le potager en bon état. Dans la culture maraîchère, le labour se pratique avec la houe ou la bêche, celle-ci est ordinairement la plus usitée. On procède de la même manière que pour le défoncement, c'est-à-dire qu'on ouvre, au bout d'une planche, une tranchée large de deux fers de bêche, sur une longueur indéterminée, et l'on reporte la terre qui en est extraite, soit sur la planche voisine, soit à l'extrémité de celle qu'on laboure, pour en combler la dernière jauge. Chaque bêchée de terre est jetée dans la tranchée ouverte où on la divise avec le tranchant de l'instrument, jusqu'à ce qu'elle soit ameublie dans toutes ses parties et qu'elle présente une surface unie ; toutes les tranchées doivent toujours avoir la même profondeur et la même largeur dans leur étendue. Au fur et à mesure du labour, on enlève les plantes inutiles et les pierrailles qui se rencontrent chemin faisant : ces dernières peuvent servir à consolider les allées.

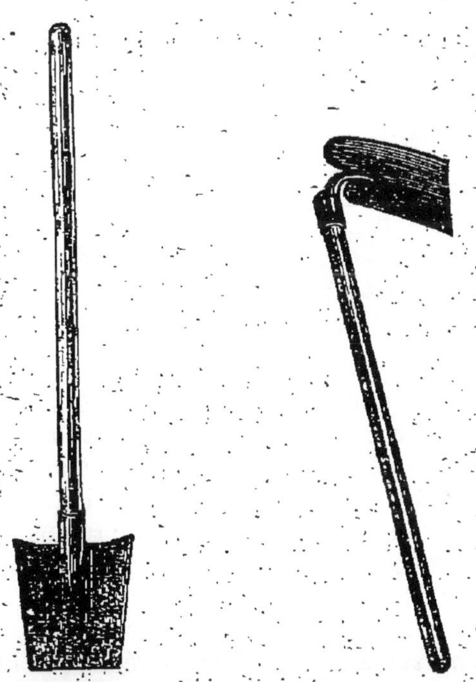

Le nombre, pas plus que l'époque et la profondeur des labours, ne peut être fixé d'avance : il dépend du genre de récoltes qu'on veut avoir, et de l'état de la saison. Les labours pratiqués dans le courant de l'automne et de l'hiver préparent très-bien le sol sous l'influence des gelées ; ils peuvent être faits à *plat* ou *en billons*; ces derniers, par les surfaces plus larges

qu'ils présentent à l'atmosphère, conviennent surtout
pour les terres fortes, et pour celles qui redoutent l'humidité : dans les terres légères, on peut se contenter
de labours de 15 à 20 centimètres de profondeur ; dans
les bonnes terres franches, il y a toujours avantage à
bêcher à 32 centimètres : tous les légumes s'arrangent
bien de cette profondeur.

Les labours sont un moyen de fertilisation qu'il ne

faut pas négliger, mais ils n'ont de bons effets qu'autant qu'on les donne à propos, c'est-à-dire quand le
sol n'est ni trop sec ni trop humide ; la terre alors
s'empare des gaz atmosphériques qui ajoutent ainsi à
la richesse du sol. Au contraire, si l'on travaille la
terre, et surtout la terre forte, par un temps mouilleux
ou avant qu'elle soit bien ressuyée, elle se corroie, se
lisse et se durcit, au point de ne pouvoir plus être
ameublie qu'après un temps très-long.

Tout en exerçant une influence réelle sur la fertilité
du sol, les labours, cependant, ne sauraient suffire
pour le maintenir en état constant de production ; la
terre réclame encore des engrais. Il ne faut pas l'oublier, le jardin potager n'est jamais trop fumé, l'excès
de fumure n'y est jamais à craindre : la succession
répétée des récoltes, et les exigences d'une végétation
rapide et vigoureuse y mettent bon ordre ; on pèche

bien plus souvent par l'insuffisance de fumure quand on n'est pas à proximité des villes, et qu'il faut tout tirer de ses propres ressources.

Tous les engrais dont la culture maraîchère fait usage peuvent être rangés sous trois catégories : l'engrais végétal, l'engrais animal et l'engrais mixte ou le fumier proprement dit.

L'engrais végétal, ainsi que son nom l'indique, est celui qui est exclusivement formé des feuilles, des fanes, des tiges, en un mot de tous les débris de la végétation; par leur décomposition, ces substances se transforment en terreau; on sait déjà que sous cet état, l'engrais végétal convient à la plupart des plantes.

On donne le nom d'engrais animal aux différentes matières fermentescibles fournies par les animaux, tels sont : le sang, les déjections solides et liquides, la colombine, etc. ; ce sont les plus énergiques de tous les engrais ; malheureusement, ce sont aussi ceux qui sont le plus négligés. Ils ne communiquent aucun mauvais goût aux plantes, comme on le croit généralement; ils activent puissamment la végétation et sont d'un emploi facile : la culture maraîchère aurait grand avantage à les utiliser plus qu'elle ne le fait.

Les engrais mixtes constituent le fumier d'étable; ils résultent des excréments des animaux domestiques, mêlés à la paille ou à toute autre substance végétale ayant servi de litière. Suivant qu'ils proviennent des chevaux ou des bêtes à laine, on les désigne sous le nom d'*engrais chauds*, à cause de leur promptitude à entrer en fermentation ; les fumiers de porcs et des bêtes à cornes, beaucoup plus humides que ceux des chevaux ou des bêtes à laine et d'une nature moins riche, sont désignés sous le nom d'*engrais froids*; les premiers conviennent particulièrement aux terrains argileux, les seconds aux terres siliceuses et calcaires : le mélange de ces divers fumiers les rend propres à toute espèce de terrain ; c'est aussi en cet état qu'on les applique le plus souvent dans la culture des plantes qui n'exigent pas d'être semées sur couches.

Le fumier de cheval est le meilleur de tous pour former des couches, à cause de la chaleur qu'il développe et de la rapidité avec laquelle il se décompose ; en le maintenant sec on retarde sa fermentation ; on l'accélère en le tassant fortement et en le mouillant.

Excepté dans les terres argileuses où les fumiers frais sont excellents pour amener la division du sol, il est d'usage, en horticulture, d'employer le fumier quand il est déjà à demi décomposé; sous cet état, les plantes se l'assimilent plus vite, il apporte moins de mauvaises graines dans le sol, et on l'enfouit plus facilement.

Un bon fumier est celui qui, provenant d'animaux sains et bien nourris, contient une forte proportion de litière et a été préparé avec soin, c'est-à-dire qui a été réparti également sur la plate-forme, divisé et mélangé dans toutes ses parties, tassé de manière que l'eau le pénètre le moins possible, et arrosé de temps à autre avec du purin : un tel fumier présente un tout parfaitement homogène, d'une couleur uniformément brune, et sans taches blanches ou moisissures, indices certains d'un fumier dont la fermentation a été trop active, qui a été brûlé, et qui, par suite, a perdu singulièrement de sa qualité.

Le fumier d'étable n'est pas le seul qu'emploie la

culture maraîchère ; elle tire aussi parti des boues des villes après les avoir mises en tas pendant un certain temps ; elle recueille encore tous les débris végétaux ou animaux pour en faire des *composts*. On désigne sous ce nom les engrais, de quelque nature qu'ils soient, qu'on mélange avec une certaine proportion de terre.

Les composts diffèrent de qualité et sont plus ou moins susceptibles de développer et de conserver de la chaleur selon les substances qui entrent dans leur composition. Ils sont d'autant plus riches, qu'ils contiennent plus de matières animales. En général, ils ne peuvent être employés qu'après être restés en tas pendant un certain temps, avoir été brassés à diverses reprises, et lorsque toutes leurs parties végétales ou animales sont entièrement décomposées : les débris de légumes, les balayures de cour, les curures de fossés, mêlés à de la colombine ou à des fonds d'étable constituent d'excellents éléments de composts ; appliqués en couverture sur les semis, ils favorisent la levée des graines et activent fortement toute végétation : un maraîcher soigneux ne saurait négliger une ressource aussi précieuse.

La préparation du sol conduit naturellement à son ensemencement.

On distingue plusieurs sortes de semis. Les uns se font à la volée, les autres en lignes ou rayons. Dans la semaille à la volée, les graines doivent être réparties le plus également possible ; quelle que soit cependant l'habileté de celui qui la pratique, il est rare que les plantes ne lèvent pas trop serrées les unes contre les autres ; on obvie à cet inconvénient en enlevant à la main les plantes surabondantes ; plus tôt on *éclaircit*, mieux les sujets conservés se développent et prennent de force; pour peu qu'on néglige de le faire, la végétation *s'étiole*, et si la température est contraire, les plantes se remettent difficilement de cette maladie originelle.

La semaille en lignes, préférable dans le plus grand nombre des cas, entraîne, il est vrai, plus de travail pendant le cours de la végétation, mais les plantes, plus espacées et mieux aérées, se prêtent mieux aux diverses façons qu'elles exigent; elles croissent aussi, toutes chances égales, avec plus de vigueur et de régularité. Cette espèce de semaille s'effectue au cordeau à une profondeur de 3 à 6 centimètres ; on ouvre la terre avec la houe à main, on y répand la graine et on la recouvre soit avec cet instrument, soit avec un râteau.

Outre ces deux modes généraux de semis, on peut encore semer par pochets, sur couches ou sous châssis.

Dans le semis à pochets, on creuse la terre en entonnoir à une profondeur variable, on y dépose la graine et on la recouvre avec une partie de la terre extraite du creux ; plus tard, le reste de la terre déplacée sert à chausser la plante et à lui donner un léger buttage.

Le semis sur couche ou sous châssis a pour but d'obtenir une végétation précoce ; il s'opère à la volée ou en lignes, ou bien en plaçant les graines, une à une, à certaine distance déterminée.

Les couches jouent un grand rôle dans la culture maraîchère.

Sous ce nom, on désigne des parallélogrammes formés de fumier, de feuilles et de toutes autres matières susceptibles d'entrer en fermentation et de garder leur chaleur pendant un temps plus ou moins long. Les couches donnent une vive impulsion à la végétation, elles permettent de cultiver des plantes qui, hors de leur climat natal, ne donneraient pas de produits utiles ou, du moins, n'arriveraient à maturité que fort tard et souvent d'une manière incomplète. Selon le degré de chaleur qu'on veut avoir, on donne aux couches diverses formes, et on les établit avec des fumiers spéciaux. Veut-on une *couche chaude*, on se sert de fumier de cheval dans toute son activité; la couche ainsi garnie développe rapidement une grande chaleur, mais qui ne tarde pas à baisser si on ne l'entretient par une addition de nouveau fumier dans tout son feu.

La *couche tiède* est composée d'un mélange de fumier de cheval et de vache auquel on ajoute des feuilles. La chaleur, moins élevée que dans la couche chaude, se maintient plus longtemps et d'une façon plus uniforme; l'une et l'autre sont chargées de terreau pur si l'on doit semer des plantes qui n'y séjourneront pas longtemps; on les garnit d'un tiers seulement de terreau et de deux tiers de bonne terre franche, si les plantés qu'on sème sont destinées à prendre une certaine force dans la couche.

On désigne sous le nom de *couche sourde* la couche qu'on établit dans une tranchée pratiquée dans le sol. On la garnit, à volonté, soit de pur fumier de cheval, soit d'un mélange de fumier de vache et de cheval, puis on la remplit de la terre extraite de cette même tranchée, en y mêlant plus ou moins de terreau : sa surface est toujours bombée. Cette couche convient particulièrement aux plantes qui poussent fortement, telles sont, entre autres, les melons, les potirons, les concombres.

Le montage d'une couche n'offre pas de difficulté, mais il demande beaucoup de soins : à l'une des extrémités de l'emplacement qu'on a choisi, on porte le fumier destiné à garnir la couche, on en mêle toutes les parties, et on le distribue aussi également que possible. Au fur et à mesure qu'on le monte, on le bat avec le dos de la fourche et on le dresse verticalement. Quand la portion de couche est élevée à la hauteur à laquelle on veut la porter, on l'abandonne et l'on s'occupe du restant à monter ; le travail s'opère à reculons et toujours par le même procédé, il prend fin sur toute la surface, quand la couche est complètement garnie et ne présente plus qu'un cube uniforme. Si le fumier qu'on emploie était trop sec, on l'arroserait au fur et à mesure du montage ; on l'arrose encore une fois quand toute l'opération est terminée ; la fermentation ne tarde pas à se déclarer. On garnit la couche de terre ou de terreau, et on la borde avec un bourrelet de litière qu'on fixe à son pourtour avec des chevilles de bois.

La couche peut être laissée nue, ou bien être recouverte d'un châssis ; ce dernier, fixe ou mobile à volonté, fait l'office d'une petite serre. Il se compose de deux parties, la *caisse* ou le *coffre*, et les *panneaux* ; sa partie postérieure doit être plus élevée que le devant, afin que les panneaux, par leur inclinaison, reçoivent l'orientation la plus favorable. Quand le châssis recouvre une couche dont le sol est plus bas, de 40 ou 50 centimètres, que le sol environnant, on lui donne le nom spécial de *bâche* : le coffre en bois est alors souvent remplacé par une maçonnerie.

Les semis sur couches, généralement plus délicats que ceux faits en pleine terre, réclament, à la levée, des soins particuliers. Dès que les jeunes plantes sont bien sorties de terre, il faut veiller à ce qu'elles ne souffrent ni de la sécheresse du sol ni d'un air trop chaud ; on obvie au premier inconvénient en arrosant très-légèrement chaque fois que le besoin s'en fait sentir, on pare au second en donnant modérément de l'air frais à la couche, à l'aide de crémaillères qui tiennent les panneaux plus ou moins soulevés pendant un certain temps. A mesure que les plantes grandissent, on les éclaircit ; on continue de les maintenir en bon état de fraîcheur par de légers arrosages et en renouvelant de temps en temps l'air de la couche ; on les débarrasse, par le sarclage, des mauvaises herbes qui viendraient à se montrer ; on habitue, enfin, les plantes élevées sur couche, à supporter graduellement l'air extérieur en les aérant aux moments les plus favorables de la journée ; le soir, on baisse les panneaux et, si l'on craint la gelée, on recouvre le châssis d'un paillasson.

Suivant que les plantes sont destinées à parcourir toutes les phases de leur végétation dans la couche, on les conduit de manière qu'elles reçoivent, en grandissant, l'air extérieur calculé d'après leur vigueur et l'état de la température ; une fois la chaleur de l'atmosphère bien établie, on enlève tout à fait les panneaux, de jour comme de nuit, sauf à les remettre momentanément en cas de mauvais temps.

Mais si les plantes ne doivent séjourner que temporairement dans la couche, si, plus tard, elles doivent être *repiquées* en plein air pour y rester à demeure, il faut saisir à propos le moment où elles sont assez fortes pour être retirées de la couche et transplantées ailleurs. En général, la veille du jour où l'on doit procéder à leur arrachage, il convient de les arroser, afin de rendre l'extraction plus facile et que les plantes soient enlevées avec leur motte et sans déchirer les racines ; leur reprise en est d'autant mieux assurée après le repiquage.

On entend par *repiquage* l'opération qui a pour but de relever de jeunes plantes d'un endroit où elles étaient trop à l'étroit, pour les planter dans de meilleures conditions d'espacement et de lumière. Entre l'arrachage et le repiquage, il est bon de mettre le moins d'intervalle possible, car l'air dessèche et altère promptement les racines qui y sont exposées : elles doivent conserver leur position primitive, sans être trop comprimées ni rebroussées.

La reprise s'effectue d'autant mieux, qu'on opère par un temps couvert, et que le sol qui doit recevoir les jeunes sujets se trouve en bon état d'engrais, d'ameublissement et de fraîcheur, et, même dans ce cas, presque toujours il est nécessaire d'arroser immédiatement après la plantation, afin de fixer la terre autour des racines. Certaines plantes, indépendamment de l'arrosage, exigent encore d'être abritées soit par des panneaux, soit par des tuiles ou de simples feuilles, les deux ou trois premiers jours qui suivent la transplantation : on évite, par ce moyen, de les exposer trop brusquement aux rayons d'un soleil ardent et à la froidure des nuits.

La *plantation à demeure* diffère peu dans ses opérations du repiquage ; c'est alors surtout qu'il importe d'observer, pour chaque plante, les conditions de sol, d'engrais, et d'exposition, attendu que la mise en place est définitive, et qu'une erreur commise ne pourrait plus être réparée, pendant le cours de la végétation, qu'au préjudice de la plante, qu'il ne faut jamais déranger quand elle est en pleine activité.

Avant de planter, le terrain doit avoir été préparé et divisé en planches où l'on marque, au cordeau, les points que devront occuper les jeunes sujets tirés de la bâche ou de la pépinière. La disposition en lignes et en quinconce est généralement très-avantageuse. Pour planter, on enlève, autant que faire se peut, le végétal avec sa motte quand on n'a pas à rafraîchir les racines; on fait un trou avec la bêche, la houe ou le plantoir et après y avoir déposé la plante, on l'entoure de terre en affermissant cette dernière contre la tige : le collet de la racine doit être enfoncé en terre, mais non le cœur de la plante qu'il faut bien se garder de recouvrir. Certains végétaux, avant d'être repiqués, se trouvent bien d'être *habillés*, c'est-à-dire privés de leurs feuilles extérieures qu'on coupe à demi, le cœur restant absolument intact : la reprise se fait plus vite. En temps de sécheresse, le repiquage ne doit avoir lieu que le soir ou le matin, et être suivi immédiatement d'un arrosage. La plupart des semis d'automne, mis en pépinière sur couche et sur ados ou côtière, sont transplantés, au printemps, à leur place définitive.

Lorsque l'opération a été bien conduite, il suffit de quelques jours d'un temps doux pour que les plantes reprennent. On active leur végétation d'une manière très-profitable en leur donnant une façon aussitôt qu'on s'aperçoit que le sol, se prenant en croûte, se ferme aux influences atmosphériques; le binage a pour but essentiel d'ameublir la surface du sol et d'y faire pénétrer l'air, la chaleur, la pluie et la rosée : plus il fait sec, plus il faut multiplier les binages; ils tiennent, en quelque sorte, lieu d'arrosage, et aident puissamment les plantes à parcourir heureusement toutes les phases de leur végétation.

CULTURES SPÉCIALES

Ail.

L'ail, originaire des pays chauds, est surtout en
usage dans les contrées méridio-
nales où il sert de condiment apé-
ritif. Son odeur et sa saveur sont
très-fortes. On le cultive pour ses
bulbes désignées généralement sous
le nom de *gousses*; une pellicule
commune les enveloppe.

L'ail craint les sols humides, il
est sujet à y pourrir; les terres
chaudes et substantielles, plutôt
légères que fortes, sont celles qu'il
préfère à toutes autres; on le multiplie aisément de caïeux.

Le sol, pour cette plante, doit
être préparé par un bon labour et
fumé avec de l'engrais bien consommé. On plante quelquefois les
caïeux en octobre, mais généralement on attend jusqu'au mois d'a-
vril; on les place tantôt en bordures, tantôt en planches, à la distance de 12 à 15 centimètres en tous
sens et à la profondeur de 3 à 4
centimètres. Pendant sa végétation, l'ail n'exige que des sarclages
et des binages; le point essentiel
dans cette culture est de tenir tou-

jours la terre exempte de mauvaises herbes et bien
meuble à la surface. La couleur jaune des feuilles
est le meilleur indice que la maturité des gousses
approche; on peut l'accélérer en faisant un nœud
avec la tige et les feuilles lorsque la plante a pris la
plus grande partie de son développement; la sève,
alors contrariée dans sa marche ascendante, est re-
foulée sur les gousses qu'elle fait grossir rapidement.
Dès que les fanes sont desséchées, on relève les têtes
d'ail, et on les laisse pendant un certain temps sur le
sol exposées à l'air et au soleil; leur maturité s'y
complète. Ce but atteint, on les met en bottes et on
les dépose dans un endroit sec; elles s'y conservent
très-bien jusqu'au printemps suivant.

Arroche.

L'arroche, désignée aussi sous le nom de *Bonne
Dame* par les jardiniers, comprend deux variétés : la
verte et la *rouge*. Toutes deux ont les feuilles larges
et triangulaires; leurs tiges sont droites, cannelées,
rameuses, elles s'élèvent à plus d'un mètre de hauteur.

La culture de l'arroche est très-simple. Cette plante
s'arrange de toute espèce de terrain, quoiqu'elle
affectionne de préférence les sols gras et frais. On la
sème à la volée, et successivement de mois en mois,
depuis mars jusqu'en septembre. La graine lève facilement et se ressème d'elle-même. Comme elle couvre
promptement le sol, elle n'exige ni sarclages ni binages dans un terrain bien préparé, il suffit de l'éclaircir
si elle lève trop drue, et de l'arroser à de longs inter-
valles. On peut commencer à en prendre les feuilles
dès qu'elle a atteint 30 centimètres de haut; très-

rustique de sa nature, elle a bien vite repoussé de nouvelles feuilles qui permettent de continuer la cueillette jusqu'à la fin de la végétation. Sa graine, très-légère, se détache avec une extrême facilité, il ne faut donc pas attendre la complète maturité de la plante pour la récolter; on coupe la tige dès que les premières semences jaunissent, on les suspend dans un lieu abrité, et quand elles sont suffisamment sèches, on en extrait la graine.

Les feuilles d'arroche se mangent en guise d'épinards; elles en rappellent le goût, mais elles sont moins fines et d'une saveur moins délicate.

Artichaut.

L'artichaut est originaire du midi de l'Europe. Ses principales variétés sont : le *gros vert de Laon* cultivé surtout aux environs de Paris; le *gros camus de Bretagne*, plus hâtif, plus aplati que le précédent, et d'un vert moins foncé; le *violet hâtif*, de moyenne grosseur, de forme allongée, à écailles vertes, teintées de violet à leur extrémité et armées d'une épine; cette dernière espèce l'emporte sur toutes les autres pour être mangée crue, à la poivrade; les autres variétés ont le fond plus étoffé.

L'artichaut exige une terre profonde, de consistance moyenne, meuble, fraîche et largement pourvue d'engrais; les terres grasses, les anciens étangs desséchés, les sols tourbeux assainis, sont ceux où il réussit le mieux.

Bien que l'artichaut se propage de graines, on le multiplie communément par œilletons qui, mieux que la semence, assurent le maintien des variétés et don-

nent aussi plus promptement des produits. On procède à sa multiplication de la manière suivante : Au
printemps, lorsque les vieux pieds sont déjà suffisamment développés pour montrer leurs nouvelles
tiges, on déchausse les *mères*, de manière à mettre

les œilletons à nu, il en existe ordinairement de 6 à 8
à chaque pied. Les deux ou trois plus beaux sont
réservés ; on éclate tous les autres en passant adroi-
tement la main entre la souche et les œilletons, le
plus près possible de la racine, afin de les détacher

avec leur talon : ceux qui, munis de leur talon, ont déjà poussé quelques racines, sont les meilleurs : on les nettoie et on les pare avec la serpette, en ayant soin de couper l'extrémité supérieure des feuilles.

Le terrain destiné à recevoir le plant d'artichauts doit avoir été défoncé à 40 centimètres de profondeur, disposé en planches, abondamment fumé et bien ameubli.

La mise en place a lieu généralement en échiquier. Pour plus de régularité, on a recours au cordeau; à chaque mètre de distance, on place deux œilletons à 12 cent. l'un de l'autre, ils sont destinés à former touffe.

La plantation s'effectue au plantoir; après avoir creusé une petite cuvette, on fait au milieu un trou de 8 centimètres de profondeur, on y insère l'œilleton, on serre la terre autour du talon, et l'on arrose, la plantation faite, pour bien fixer la plante au sol. Pendant les premiers jours qui suivent la mise en place, il est bon d'abriter les œilletons des rayons du soleil, avec un tesson ou une feuille de chou; lorsque la reprise est opérée; on peut supprimer le plus faible des deux œilletons; celui qui reste ne s'en développera que mieux et donnera de plus beaux produits.

Des binages, des sarclages et des arrosements appliqués à propos activent singulièrement la végétation. Dès l'automne, les œilletons faits au printemps portent déjà fruit; tous se chargent abondamment de têtes au printemps suivant. Au fur et à mesure que les tiges ont fructifié, on les coupe rez terre, le plus près possible des racines.

L'hiver, dans nos climats, est la saison critique des artichauts. Cette plante craint extrêmement le froid, et, de plus, elle est exposée à pourrir par les dégels ou par des pluies prolongées; mais on obvie à ce double inconvénient à l'aide de quelques précautions.

Aux approches de la gelée, on rogne les feuilles les plus longues et on ramène la terre autour de chaque pied, de manière à l'envelopper complétement; l'artichaut se trouve ainsi placé au centre d'un ados et il ne laisse voir que le cœur à découvert. A mesure que la température devient plus froide, on couvre chaque touffe avec des feuilles ou du fumier long, et chaque fois que le temps se radoucit, on ouvre cette couverture protectrice pour donner de l'air aux plantes; on la referme pour peu que le froid reprenne.

Quelque soin que l'on ait, il est difficile d'éviter que les artichauts, pendant la morte-saison, ne souffrent plus ou moins de l'étiolement, qu'ils ne blanchissent; il est essentiel dans ce cas de ne pas les exposer trop brusquement aux rayons du soleil, lorsque l'hiver a cessé; on ne les débarrasse donc que graduellement de leur couverture de feuilles, de la litière et du buttage qui les défend; mais, lorsque les froids sont tout à fait passés, et que la plante a repris la couleur verte qui lui est propre, on la dégage de toute enveloppe, et l'on donne au sol un tour de bêche pour enfouir tous les débris et niveler le terrain : cette façon imprime une vigoureuse impulsion à la végétation.

La multiplication des artichauts par œilletons peut se pratiquer indifféremment à l'automne ou au printemps. La plantation est en bon rapport pendant trois ou quatre ans; après ce temps, ses produits déclinent sensiblement, malgré les soins et les engrais qu'on lui prodigue; il faut dès lors la reporter sur un autre carré.

Tout pied-mère, au printemps et à l'automne, doit être déchargé de la plus grande partie de ses œilletons, sous peine d'être affamé par ses nombreux rejets; à mesure que les tiges s'élèvent, on retranche les pousses les plus faibles, et l'on réserve seulement les trois ou quatre plus vigoureuses. Chaque fois qu'une tige a porté fruit, on la coupe près des racines, on nettoie son pied, on la regarnit de terre, et au besoin même d'engrais ; des arrosages fréquents, quelques sarclages au début de la végétation ainsi que des binages donnés à propos, résument les principales façons que réclament les artichauts.

Les semis, quand on est forcé d'y recourir, ont lieu de deux manières, sur couche tiède ou sous châssis, soit en pot, soit en plein terreau, pour être mis en place dans le courant du printemps, lorsqu'il n'y a plus de gelées à redouter. Quand on sème directement à demeure, on met deux ou trois graines par cuvette, et on ne garde ensuite qu'un seul plant, le mieux venant, dont on fortifie la végétation par une bonne poignée de terreau ; la culture ne diffère pas de celle des œilletons.

Certaines variétés d'artichaut, celles de Laon et de Niort par exemple, arrivent naturellement à un volume remarquable toutes les fois qu'elles se trouvent dans un sol richement fumé et qu'on ne leur épargne ni la binette ni l'arrosoir ; mais il est facile, par un procédé des plus simples, de faire prendre aux têtes une grosseur exceptionnelle ; voici comment on obtient ce développement monstreux. Aussitôt que l'artichaut montre son fruit, pratiquez, à cinq ou six centimètres au-dessous de chaque tête, une fente en croix sur la tige qui porte le fruit. Cela fait, vous introduisez dans la plaie deux brindilles que vous disposerez également en croix. La sève se portera en excès sur ce point, et développera à outrance la tête de l'artichaut, sans que le pied de la plante en souffre. Pour faire blanchir les bractées désignées communément sous le nom de *feuilles d'artichaut*, il s'agit de couvrir *de très-bonne heure* la tête de l'artichaut d'un morceau de drap ou d'une étoffe de couleur foncée ; ce capuchon en privant la tête d'air et de lumière, *dès la formation du fruit*, fait blanchir les feuilles, à peu près comme celles d'une salade qu'on a liée, et les rend aussi plus tendres que celles venues à *l'air libre.*

Asperge.

La culture de l'asperge est une des plus dispendieuses par suite des travaux de préparation et des avances d'engrais qu'elle exige ; mais, une fois établie, elle paie, par de beaux bénéfices, les soins qu'on lui donne.

L'asperge se plaît surtout dans les terres sablonneuses, profondes et substantielles ; elle vient aussi dans les bonnes terres franches, mais elle ne réussit dans les sols argileux qu'autant qu'ils ont été préalablement ameublis et surtout assainis, car elle redoute beaucoup l'humidité.

L'asperge se multiplie de graine, mais surtout par ses racines qu'on nomme *griffes* ou *pattes*. Le semis sur place est peu usité ; communément, il a lieu en pépinière, afin d'obtenir le plant destiné à garnir les fosses ou carrés. Dans ce but, on choisit, autant que possible, une terre légère, qu'on prépare par un bon labour à la bêche et qu'on fume abondamment. On sème, en octobre ou au commencement du printemps, à la volée ou mieux en lignes espacées de 20 centimètres, et l'on recouvre la semence d'une légère couche de terre garnie encore de terreau ou de tannée pour éviter que le sol ne se batte. La graine est longtemps à sortir de terre, 40 jours environ. Aussitôt qu'elle est levée, on arrose, on éclaircit pour

peu que les plantes soient trop serrées, et l'on a soin,
pendant la végétation, de tenir le sol meuble et net de
mauvaises herbes : l'asperge n'exige pas d'autres soins.

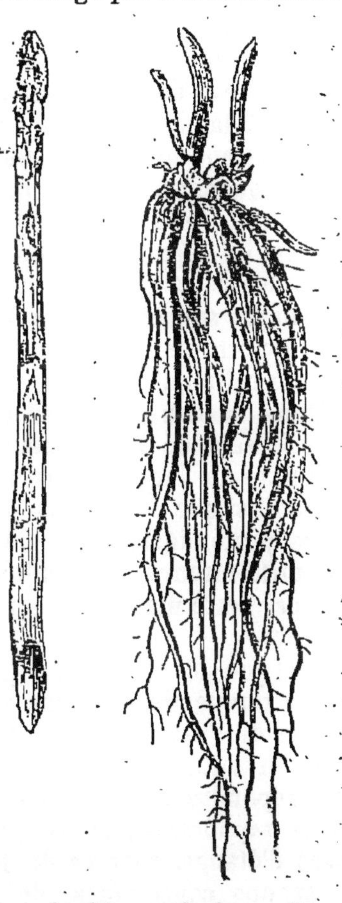

A la fin de la première
année, les jeunes asperges
peuvent déjà fournir des
griffes, mais, en général,
on ne prend ces dernières
que lorsqu'elles ont deux
ans de pépinière ; il convient alors de couper, à
l'automne, toutes les tiges
montées ; on couvre en-
suite le semis d'une cou-
che de terre mêlée de
terreau, et on l'active au
printemps suivant par une
légère culture à la four-
che. — La seconde année,
on répète les mêmes sar-
clages, binages et arrosages qu'à la première année.

La plantation à de-
meure réclame un traite-
ment tout spécial. Elle
a lieu de deux manières
principales, par fosses et
par planches ou carrés.

Dans la plantation par
fosses, le sol est creusé à
une profondeur qui varie depuis 60 centimètres jusqu'à un mètre, on en enlève toute la terre et on la remplace par une autre terre d'une qualité supérieure,
fortement amendée. Si l'on a affaire à un sol com-

pacte, sujet à retenir l'eau, on donne encore plus de profondeur à la fosse, on en remplit le fond de gravats, de bruyères, de buis, de genêt ou de tous autres arbustes propres à faciliter l'égouttement du sol, on le charge ensuite d'une couche de fumier bien tassé et on achève de le remplir avec une terre de bonne nature à laquelle on n'épargne pas l'engrais. Si la constitution du sol ne laisse rien à désirer, on se borne souvent à enlever une simple épaisseur de terre qu'on remplace par un lit de fumier bien tassé, recouvert lui-même d'une couche de terre fertile.

Les fosses se recomblent jusqu'à 20 centimètres du niveau du sol, et, chaque fois qu'on les recharge, on leur apporte de 10 à 15 centimètres de bonne terre, au lieu de celle qu'on leur a enlevée.

Dans la plantation par planches à plat, on trace, dans le sens de la longueur du sol, des planches de un mètre de large, séparées entre elles par des sentiers, ainsi que cela a lieu pour les fosses ; on les laboure profondément, et l'on donne, en même temps, une forte fumure, sans enlever aucune couche du sol qui, par cette méthode, se trouve plus élevé que les sentiers.

Quel que soit le procédé qu'on emploie, il est essentiel de remuer le sol à une grande profondeur, car les racines de l'asperge pénètrent fort avant en terre ; il faut, en outre, appliquer de fortes doses d'engrais pour répondre aux exigences de la plante : de bonnes terres rapportées, telles que terreaux de couches, vases d'étangs, curures de fossés, composts enrichis de gazons consommés, de fumier, de purin et de toute autre matière fertilisante.

Cette préparation du sol destiné aux asperges a lieu ordinairement en automne. Vers la mi-mars ou la mi-avril, suivant le climat, on trace au cordeau trois lignes à égale distance dans chaque fosse ou dans chaque planche ; cela fait, on arrache avec précaution les griffes et on les place, sans retard, à 50 centimètres les unes des autres en leur ménageant une petite butte de terre prise autour du point qu'elles doivent occuper ; après avoir écarté avec soin les racines de chaque côté du monticule, on les y fixe avec une poignée de terreau ; lorsque la plantation est terminée, on recouvre le tout de 10 centimètres de terre.

Les façons à donner pendant la végétation consistent en sarclages, binages et arrosages. A la fin d'octobre ou dans le commencement de novembre, on coupe au niveau du sol toutes les tiges d'asperge, on enlève la couche superficielle des fosses, et, aux approches du froid, on applique à l'aspergière une couche de fumier à demi décomposé. Au printemps suivant, on donne un léger binage à la fourche, on débarrasse le sol de toutes ses mauvaises herbes et l'on recharge les asperges de plusieurs centimètres de terre : cette dernière opération s'exécute souvent en hiver ; un coup de râteau nivèle le terrain.

Les soins d'entretien, pendant cette seconde année et les suivantes, ne diffèrent pas de ceux qu'on applique la première année ; il est essentiel de tenir toujours la terre meuble et fraîche, et de fumer tous les deux ou trois ans dans le courant de l'hiver ou à l'entrée du printemps, si l'on veut avoir abondance et qualité de produits. Ceux-ci s'obtiennent rarement avant la troisième année ; encore cette année-là, faut-il se borner à couper les plus belles asperges ; à la quatrième année, on en prend davantage ; à partir de cette époque, l'aspergière entre en plein rapport et donne pendant une longue série d'années.

La cueillette a lieu aussitôt que les asperges se montrent à la surface du sol; on cesse de couper à la fin de juin pour ne pas épuiser les plantes.

Il est à observer, dans la culture de l'asperge, que, quelle que soit la profondeur à laquelle on place les griffes, elles tendent toujours à se rapprocher de la surface du sol, par la raison que chaque année les anciennes griffes se détruisent pour faire place à de nouvelles pattes qui s'élèvent au-dessus d'elles et forment ainsi de nouvelles couronnes; voilà pourquoi il est indispensable de recharger chaque année l'aspergière, sous peine de voir bientôt les griffes hors de terre.

La première année, la couche de fumier déposée au fond de la fosse s'affaisse de telle sorte, qu'on est obligé de rapporter 8 ou 10 centimètres de terre sans que, pour cela, le terrain se trouve plus exhaussé qu'au moment de la plantation; mais, unefois cet affaissement produit, il n'est plus nécessaire, les années suivantes, de recharger aussi fortement. Lorsque les fosses ont atteint le niveau du sol, on n'y ajoute plus de nouvelle terre, on se contente de remplacer celle qu'on a enlevée; 3 centimètres de terre mélangée de terreau ou d'autres matières fertilisantes suffisent, à moins qu'on ne veuille obtenir des asperges blanches jusque près de leur pointe, auquel cas on les recharge très-fortement.

La maturité des graines d'asperge se reconnaît à la couleur rouge des baies; on coupe alors les tiges qui les portent, on en détache les baies, et on les laisse en tas pendant une quinzaine de jours, temps nécessaire pour qu'elles complètent leur maturité; ce point atteint, on les écrase avec la main, on les lave à grande eau, et on les fait ensuite sécher à l'ombre, à l'air libre : elles ne gardent guère leur faculté germinative au delà de deux ans.

Aubergine.

L'aubergine, connue aussi sous le nom de mélongène, est plus cultivée dans le midi que dans le nord de la France.

Dans les climats froids, on la sème sur couche chaude vers le mois de février, pour la mettre ensuite en pot sous cloche ou sur une couche modérée. Lorsque le plant a pris suffisamment de force, on le dépote et on le place à demeure, en pleine terre bien fumée et à bonne exposition ; il ne demande plus alors que quelques binages et de fréquents arrosements.

Mise en bordure sur les couches à melons, l'aubergine réussit très-bien et prend un grand développement ; c'est là sa vraie place, en dehors des climats chauds. Dans le nord de la France, son fruit est bon à manger en août ou septembre, beaucoup plus tôt dans le midi ; il se présente sous l'aspect d'un ovale allongé, relevé de belles couleurs violettes ; on en cultive aussi une variété blanche, mais qui n'atteint jamais la même grosseur que l'espèce la plus commune ; on la dit très-bonne.

Betterave.

La betterave cultivée dans les potagers offre plusieurs variétés, parmi lesquelles on distingue surtout la *grosse rouge*, de forme allongée, rouge de sang à l'intérieur comme à l'extérieur ; son collet se montre souvent hors de terre ; la *petite rouge de Castelnaudary*, plus petite que la précédente et de même couleur, mais plus précoce et d'une saveur plus douce ; son collet se cache entièrement sous terre ; la *bette-*

rave de Bessons, aplatie comme un turneps, à peine rouge et à chair blanche veinée de rose ; la *jaune ordinaire,* grosse, très-sucrée, poussant hors de terre :

enfin, la *jaune de Castelnaudary,* à collet complètement enterré, plus petite que la précédente, à chair très-fine.

Toutes les betteraves se plaisent dans une terre profonde, défoncée, tenue constamment meuble et en bon état de fertilité. On peut les semer sur place, à la volée, ou mieux encore en lignes, soit à plat, soit sur ados. Lorsqu'on veut les obtenir de bonne heure, on sème sur couche, pour les repiquer à la fin de mars ou dans le courant d'avril. Dans la semaille en place, il est bon de répandre un peu de sable fin ou de terreau sur la graine déposée dans le sol, elle lève plus vite, et la terre n'est plus sujette à se battre par la pluie. Dès que la plante est bien levée, il importe de stimuler sa végétation par un binage, afin de lui donner assez de force pour résister aux attaques des insectes; on l'éclaircit dès qu'elle a cinq ou six feuilles, et l'on profite de cette opération pour distancer les plants à 35 centimètres les uns des autres. La betterave réclame des binages et des sarclages jusqu'au moment où ses feuilles bien développées couvrent à peu près le terrain; elle supporte bien les sécheresses modérées; toutefois, des arrosements, distribués de temps en temps, contribuent beaucoup à son accroissement.

Les betteraves sont ordinairement bonnes à récolter vers la fin d'octobre. On les arrache avec la fourche ou la bêche; quel que soit celui de ces deux instruments qu'on préfère, il faut avoir soin de ne pas endommager la racine, toute blessure rendant la conservation difficile.

On profite d'une journée sèche pour la tirer hors de terre; on la laisse légèrement se ressuyer, puis, on la décollète et on la débarrasse de la terre qui est restée adhérente : on n'a plus alors qu'à la mettre à l'abri dans une cave ou un cellier, elle s'y conserve très-bien jusqu'au retour du printemps.

Quand on veut produire soi-même sa semence, on choisit, parmi les racines, les betteraves les mieux faites et qui ont le mieux gardé leurs caractères distinctifs; on coupe leurs feuilles les plus extérieures, et on les plante dans une couche de sable dont on a soin de garnir la cave, à cet effet; dès que les froids sont passés, on met les betteraves en place dans un sol bien labouré et suffisamment fumé l'année précédente.

A mesure que les tiges se développent, on les soutient par des tuteurs auxquels se rattache un cerceau intérieur, afin que toutes les parties de la plante

soient bien exposées à l'air et à la lumière. La graine
mûre, on coupe les tiges, et on les suspend dans un
endroit sec pour recueillir, en temps voulu, la semence; elle garde ses propriétés germinatives pendant deux ans : la vieille graine est sujette à monter
dès la première année, celle d'un an est donc préférable.

Cardons.

La culture des cardons présente une certaine analogie avec celle des artichauts.

Longtemps, le *cardon de Tours*, chargé d'épines, a
passé pour la meilleure variété, mais on lui préfère
avec raison aujourd'hui le *cardon Puvis*, très-répandu
sur le marché de Lyon, le *cardon plein* sans épines, et
le *cardon à feuilles d'artichaut*.

La terre qui convient aux artichauts est aussi celle
où le cardon réussit le mieux.

Sa multiplication s'opère par graines et non par
œilletons. Il exige un sol profondément remué, bien
fumé et parfaitement meuble; dans les mois d'avril ou
de mai, lorsque le terrain a été bien préparé, on
creuse, de mètre en mètre, des trous ou pochets de
30 centimètres qu'on garnit de terreau, on y sème
deux ou trois graines qui n'ont besoin que d'être recouvertes légèrement. A la levée, on ne garde qu'un
seul plant, le plus vigoureux. La végétation des cardons est d'autant plus active, qu'on ne leur épargne
ni binages ni arrosages; ils demandent à être fréquemment mouillés, jusqu'à ce que leurs feuilles
soient assez développées pour être *blanchies*. Cette
opération, qui a pour but l'étiolement des *côtes*, ne
présente aucune difficulté; on rapproche les feuilles
avec des liens de paille ou d'osier; on butte le pied

de la plante, et on la recouvre d'un capuchon de paille ;
quinze jours ou trois semaines après l'étiolement, la
côte est devenue blanche et s'est considérablement
attendrie. Quelques praticiens, au lieu de butter le
cardon, se contentent de l'envelopper d'une paille longue maintenue par des liens : le résultat est le même.

Dans son état maladif ou d'étiolement, le cardon
veut être consommé sans délai, sous peine de pourrir ;
c'est pourquoi il convient de butter ou d'empailler graduellement, au fur et à mesure des besoins du ménage.

Aux approches de la gelée, on profite d'un temps
sec pour enlever les cardons en motte et les déposer
dans une cave ou une serre froide ; on les place les
uns contre les autres dans du sable frais, les feuilles
relevées et légèrement liées, afin que le cœur ne soit
pas trop privé d'air ; ils se gardent ainsi jusqu'au
printemps. A défaut de cave ou de serre, on peut
avoir recours aux tranchées. On ouvre une fosse de
un mètre de profondeur, sur un mètre 40 de largeur
et d'une longueur variable. On en garnit les parois
d'une bonne couche de paille placée droite, on y
adosse une ou deux rangées de cardons, en ayant
soin de relever les feuilles ; chaque rangée se trouve
séparée par un lit de paille, et on continue cette disposition jusqu'à ce que toute la tranchée soit rem-
plie ; il va sans dire que, dans ce procédé économique, le sommet des plantes doit être maintenu libre,
pour que l'air y ait accès ; mais, en tout état de cause,
les tranchées doivent être mises à l'abri de la pluie
qui ferait pourrir les cardons si elle était abondante et
continue. Si la gelée menaçait, on couvrirait les
plantes avec de la paille ou des paillassons.

Les porte-graines doivent être pris sur les plus
beaux pieds, réservés à cet effet, à l'automne ; on

leur coupe toutes les feuilles à quelques centimètres au-dessus du sol, on les butte et on les abrite comme on le fait pour les artichauts. Ces cardons fleurissent l'été suivant; et ne sont plus bons à blanchir, mais, en revanche, ils résistent mieux au froid, et peuvent, presque sans frais, servir de porte-graines pendant plusieurs années.

Carottes.

Les carottes les plus estimées dans la culture maraîchère sont : la *rouge longue*, la *courte de Hollande*, la *jaune d'Achicourt* et la *blanche de Breteuil* : les carottes rouges ont généralement une saveur plus prononcée que les carottes jaunes et blanches; celles-ci sont plus sucrées.

Ainsi que toutes les plantes à racine pivotante, la carotte ne réussit bien que dans les sols profonds; il faut donc, pour ce légume, préparer le sol par un labour de 30 à 35 centimètres. Les terres de consistance moyenne, plutôt légères que fortes, sont celles où elle vient le mieux. Des engrais consommés doivent seuls lui être appliqués directement ; les fumures fraîches ont l'inconvénient de la faire *fourcher*; en revanche, la carotte vient très-bien sur un terrain dont la récolte précédente a été abondamment fumée; elle réussit également sur une fumure donnée en automne, trois ou quatre mois avant la semaille.

Les semis de carotte ont lieu le plus souvent à la volée ; néanmoins, on les pratique aussi avec avantage en lignes espacées de 35 à 40 centimètres. Les semis peuvent avoir lieu dès la fin de février, quand le temps est doux, et se continuer jusqu'en juin

sur terre parfaitement ameublie et légèrement com-
primée ensuite par le *plombage;* on enterre superfi-
ciellement la graine avec
le râteau, et l'on ter-
reaute afin de prévenir
le tassement du sol,
qu'on n'évite guère au-
trement, par suite des
nombreux arrosages
qu'exige la carotte, sur-
tout pendant le premier
âge. Un sarclage minu-
tieux, suivi d'un binage,
est souvent nécessaire
après la levée de la
plante; il faut y revenir
chaque fois que le sol se
durcit ou s'enherbe; si
le plant lève trop épais,
on éclaircit dès que les
jeunes carottes peuvent
subir cette opération
sans déchausser celles
qui les avoisinent; on
procède soit en une seule
fois, soit graduellement,
jusqu'à ce que les ca-
rottes se trouvent pla-
cées à 10 ou 12 centimè-
tres en tous sens, quand
le semis a été fait à la

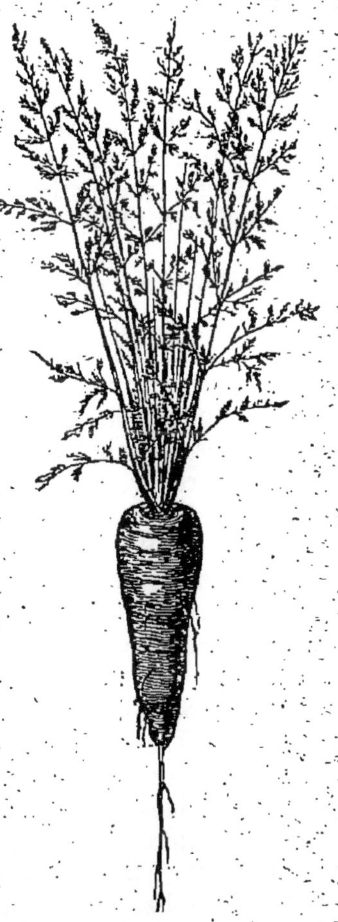

volée, et à 8 centimètres les unes des autres dans
chaque ligne, quand on a semé en rayons.

La carotte en pleine terre supporte assez bien la

gelée, pourvu que le sol ne retienne pas l'eau et qu'on abrite la plante sous une couche de fumier long : cette dernière précaution, du reste, n'est nécessaire que dans les fortes gelées ; on se trouve bien dans le courant de l'automne de couper les feuilles des carottes semées en dernier lieu ; on leur donne en même temps un léger binage qui favorise la repousse des nouvelles feuilles et tient le terrain propre pendant la morte-saison. Malgré leur rusticité, cependant, il est d'usage de récolter les carottes aux approches du froid. On les arrache avec la fourche en évitant que l'instrument ne les déchire; on retranche toutes les feuilles jusqu'au collet, et on dépose les racines, les têtes en dehors, sur un lit de sable. On peut les conserver également, lit par lit, dans une tranchée garnie de paille sur toutes ses surfaces et mise à l'abri de la pluie par des planches ou des paillassons.

Pour se procurer de la semence, on peut laisser quelques pieds de carottes en terre en les protégeant contre la gelée; il vaut mieux, toutefois, replanter au printemps ; dans ce cas, on fait choix des racines qui présentent le mieux tous les caractères de la variété qu'on veut conserver, on les décollète et on les met à part sur un lit de sable. Au premier printemps, la terre étant bien labourée et terreautée, on les plante à demeure à 50 centimètres de distance ; elles montent ordinairement en mai. Quand les graines sont mûres, on coupe les tiges et on les fait sécher dans un endroit abrité ; elles gardent leur propriété germinative pendant quatre ans ; la semence de deux ans est préférable à celle de l'année, toujours plus au moins sujette à monter.

Céleri.

Quatre variétés de céleri sont généralement cultivées en France : le *gros céleri violet de Tours*, le *céleri plein blanc*, le *céleri court hâtif* appelé communément *céleri Turc* et le *céleri-rave*.

Le céleri se sème sur couche, sous cloche et sous châssis, depuis janvier jusqu'en mars ; en pleine terre, depuis avril jusqu'en juin. Par la première méthode, on sème sur terreau, on arrose fréquemment et on repique sur nouvelle couche dès que le céleri a pris trois feuilles ; plus tard, lorsqu'il est devenu assez fort, on le transplante en pleine terre dans le courant d'avril.

Le céleri veut une terre fraîche ou du moins rendue et maintenue telle au moyen des arrosages. La semence doit être à peine couverte et constamment humectée, sous peine de ne pas lever. Il faut semer très-clair sur bon labour et sur fumier fait ; pour peu que les plantes lèvent trop drues, on les éclaircit sans ménagement ; elles doivent être placées en lignes à 20 centimètres les unes des autres : selon qu'on veut avoir plusieurs rangs de céleri dans un même carré, on donne aux planches plus ou moins de largeur, mais pour la commodité du travail et de l'arrosage il convient de ne pas excéder 1 mètre 50 de large, sauf à rapprocher deux planches l'une de l'autre et à les séparer par un sentier.

Le céleri repiqué demande à être arrosé aussitôt sa mise en place, la reprise en est d'autant mieux assurée ; plus tard, s'il fait sec, on mouille de deux jours en deux jours, son origine marécageuse le rend très-avide d'eau.

En dehors des arrosages, point capital de cette culture, les principaux soins à donner au céleri, pendant sa végétation, consistent en binages et sarclages. Lorsqu'il a pris tout son développement, on le fait blanchir. On profite d'un temps sec pour lier les feuilles avec un lien de paille ou d'osier, sur deux ou trois points, près de la racine, au milieu de la plante, et vers son sommet, puis on butte graduellement; au dernier buttage il se trouve enterré jusque près de son extrémité foliacée. — Trois semaines suffisent pour le rendre propre à être consommé, ses côtes étiolées sont alors devenues larges et tendres.

A l'arrière-saison, il est indispensable de butter et de pailler le céleri pour le mettre à l'abri des gelées; si l'on dispose d'une serre à légumes, on y transporte un certain nombre de pieds qu'on chausse fortement avec du sable pour les faire blanchir au fur et à mesure des besoins. Les pieds destinés à porter graines peuvent être gardés en pleine terre, mais abrités contre la gelée; on les déchausse en mars, ils montent promptement; la graine de l'année est préférable comme semence.

Céleri-rave. — Il se cultive de la même manière que les autres variétés, seulement il n'a pas besoin d'être lié ni butté. Il demande une terre profonde, fraîche et tenue constamment meuble, une situation ombragée et de fréquentes mouillures. Semé sur couche en mars, il est bon à repiquer en avril en pépinière pour être mis définitivement en place à la fin de mai : au moment de planter à demeure, on retranche toutes les grandes feuilles de céleri-rave ainsi que ses racines latérales. La récolte a lieu dans le courant de l'automne. La plante se garde bien pendant l'hiver, enterrée dans du sable jusque près du collet.

Cerfeuil.

Le cerfeuil commun, le cerfeuil frisé et le cerfeuil

musqué sont souvent cultivés dans les potagers.

Ces différentes sortes ne sont pas difficiles sur la nature du terrain, mais elles ne viennent bien que dans un sol gras ou terreauté.

On sème le cerfeuil à toutes les époques de l'année, depuis février jusqu'en septembre ; en saison froide, on sème au pied d'un mur et au midi ; en été, à toute exposition, mais de préférence au nord et à l'ombre.

La semence la plus nouvelle est la meilleure, elle lève rapidement et demande à être à peine recouverte.

Chicorée.

On distingue deux sortes principales de chicorée : la *chicorée sauvage* et la *chicorée blanche* ou *endive*.

La chicorée sauvage se sème vers la fin d'avril, en pleine terre et presque toujours en bordure. Il convient de la semer épais si l'on veut manger ses jeunes feuilles ; la semer clair est préférable lorsqu'on veut la faire blanchir. Elle vient bien dans toute espèce de sol, et pendant sa végétation elle ne demande que des arrosages : il va sans dire que toujours le terrain doit être meuble et net de mauvaises herbes.

C'est à l'arrière-saison qu'on arrache la chicorée destinée à blanchir. On dispose dans une cave ou dans tout autre endroit chaud et obscur une couche de terre légère de 50 à 60 centimètres de large sur une longueur déterminée ; on y étend lit par lit les racines de chicorée, les têtes tournées en dehors, et l'on recouvre chaque lit d'une pelletée de terreau ; on monte ainsi la couche jusqu'à une certaine hauteur en ayant soin que chaque lit aille en diminuant, et que toute la couche présente l'aspect d'un cône tronqué ; cette opération terminée, on arrose de temps en temps.

Grâce à la température douce de la cave, il sort
bientôt du collet des feuilles étroites qui s'allongent,
blanchissent et s'étiolent de plus en plus ; lorsqu'elles
ont pris un développement suffisant, on en forme des
bottes qu'on livre à la consommation sous le nom de

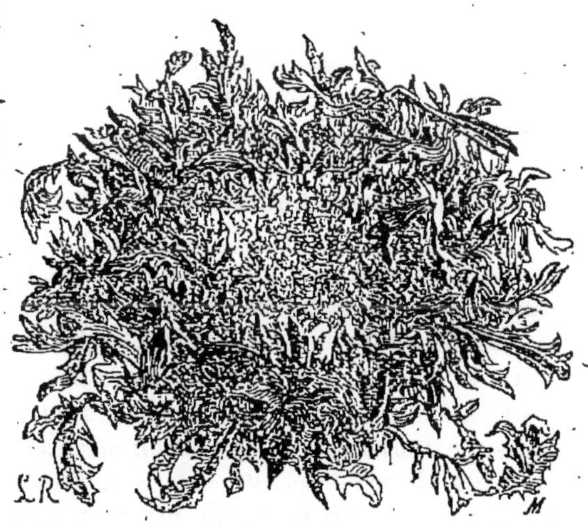

barbe de capucin ; on peut se procurer, de cette manière, une salade fraîche et très-saine pendant toute
la mauvaise saison.

Outre la chicorée sauvage, on cultive encore deux
variétés de chicorée frisée, l'une à feuilles extérieures
larges, peu découpées, c'est la *scarole,* avec ses deux
sous-variétés : la *scarole blonde* et la *scarole à fleurs
blanches ;* l'autre a toutes ses feuilles frisées et étroites;
elle comprend la *chicorée frisée proprement dite* dont
on distingue deux variétés excellentes, la *chicorée de
Meaux* et la *chicorée fine d'Italie;* leur culture est
exactement la même.

On peut semer les chicorées sous cloche ou sous

châssis, depuis janvier jusqu'en mars, pour repiquer sur couche lorsque les plantes ont quatre feuilles, et les faire passer ensuite en pleine terre.

Le semis en pleine terre a lieu dans le courant de mars et peut se renouveler jusque vers la fin d'août. On facilite la levée en pépinière à l'aide de paillis et d'arrosages fréquents. Quand le plant est assez fort, on le repique sur planche bien travaillée et terreautée à 40 centimètres en tout sens; on arrose aussitôt pour favoriser la reprise et l'on couvre le sol d'un bon paillis. Pendant la végétation, il faut avoir soin de tenir le terrain meuble et exempt de mauvaises herbes. Lorsque la chicorée a atteint tout son développement utile pour être blanchie, on choisit un temps sec afin de la soumettre à un étiolement artificiel, on relève les feuilles étalées sur le sol, on les rapproche du cœur de la plante et on les attache avec un premier lien au voisinage de la racine et avec un second lien près de l'extrémité supérieure : cette opération se fait en une ou deux fois, et, dans ce dernier cas, à quelques jours d'intervalle. A partir du moment où on a lié la chicorée, on n'arrose plus qu'au pied des plantes et seulement avec le goulot de l'arrosoir pour ne pas mouiller l'intérieur de la plante, ce qui l'exposerait à pourrir; au bout de 15 jours, la chicorée a suffisamment blanchi pour être bien attendrie; on peut hâter l'étiolement en recouvrant la plante d'un pot à fleurs ou de tout autre capuchon.

Il suffit de quelques pieds de chicorée provenant des premiers semis pour fournir la graine dont on veut s'approvisionner. La semence conserve ses facultés germinatives pendant plusieurs années; la plus ancienne est préférable, comme moins exposée à monter que les sujets provenant des graines de l'année.

Choux.

Les nombreuses variétés de choux dont s'occupe la culture maraîchère peuvent être ramenées à six tribus :

1° Les *choux pommés* ou formant une tête serrée et arrondie; ils se partagent eux-mêmes en deux classes : les *choux cabus* à feuilles lisses, qui renferment, entre autres variétés, le *chou cœur de bœuf*, le *chou d'York*, le *chou pain de sucre*, le *gros cabus blanc*, dont la race comprend le *chou cabus de Saint-Denis*, le *chou quintal d'Alsace*, le *chou Joannet* et le *cabus rouge*.

2° Les choux désignés sous la dénomination collective de *milans;* à cette catégorie appartiennent le *mi-*

lan hâtif d'Ulm, le *milan court*, le *milan des vertus* et le *pancarlier de Touraine*.

3° Les choux qui portent leurs pommes le long de la la tige, tel que le *chou de Bruxelles*.

4° Les choux à tige et à racine charnue, comprenant les rutabagas et les turneps; ceux-ci, quoique fort bons à manger, sont plutôt du domaine de la grande culture que de la culture des jardins.

5° Les choux dont on mange les parties florales, tels que les *choux-fleurs* et les *brocolis*.

6° Les choux verts, ne pommant pas, et dont les feuilles seules sont utilisées : à cette dernière division

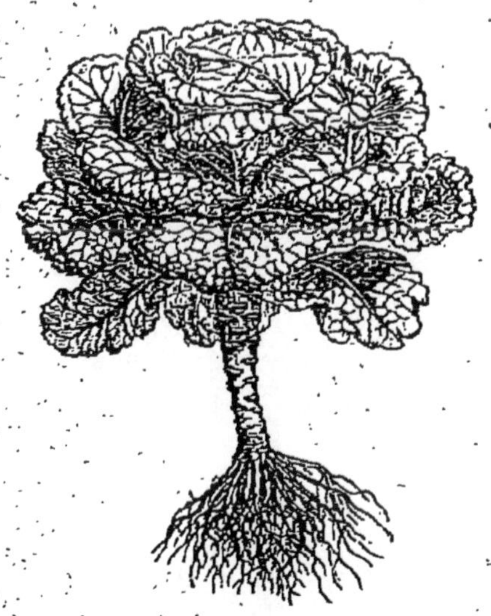

appartiennent le *chou cavalier*, le *chou moellier*, espèces cultivées surtout pour le bétail; elles résistent mieux que les autres au froid, et peuvent offrir encore une ressource à la consommation des ménages, après que la gelée les a attendries.

Les choux préfèrent à toute autre une terre profonde, substantielle, fraîche, plutôt forte que légère; mais sous un climat humide, avec de fortes fumures et des arrosages répétés, ils viennent aussi très-bien dans les terres légères bien travaillées.

Comme ils sont tous très-épuisants, il leur faut de copieuses fumures ; les fumiers d'étable leur conviennent par excellence ; quand on veut les amener à un développement extraordinaire, on leur applique encore, pendant leur végétation, du purin ou des vidanges, ils n'en contractent aucun mauvais goût.

Ils ne doivent pas revenir, de plusieurs années, sur le sol qu'ils ont occupé, sous peine de contracter des maladies et de dégénérer rapidement.

Les choux s'hybrident avec une extrême facilité, c'est pourquoi on doit avoir soin de tenir les porte-graines des diverses espèces éloignés les uns des autres, ou ce qui vaut mieux encore, de faire grainer les différentes variétés à des époques diverses. Les sujets destinés à fournir la semence doivent être pris

parmi ceux qui reproduisent le mieux leurs caractères spéciaux; ainsi, pour ceux qui pomment, les tiges
seront courtes et les têtes serrées et bien formées; les
choux-fleurs auront la tête large et très-serrée; les
choux de Bruxelles présenteront des tiges bien garnies de pommes sur toutes leurs surfaces; parmi les
choux-raves, on choisira ceux dont le renflement est
bien modelé, plutôt que très-volumineux; les choux-
verts, enfin, ne devront être mis à part, comme porte-
graines, qu'autant que leurs feuilles seront très-dé-
veloppées et portées sur des tiges plutôt moyennes
que très-élevées.

On obtient une graine d'autant mieux nourrie, et
plus homogène, qu'on a pincé avec plus de soin les
extrémités florales; quand la floraison est bien prononcée, on supprime la tige médiane supérieure, afin
que la sève se portant avec plus de force sur les rami-
fications latérales, leur donne plus de vigueur et
d'uniformité.

La terre destinée aux choux ne saurait être labourée trop profondément; on sème indistinctement sur
vieux labour ou sur labour récent, pourvu que la
terre soit suffisamment fraîche.

Les choux cabus se sèment ordinairement depuis la
fin de juillet jusqu'à la fin d'août; en février et dans
le commencement de mars sur côtière terreautée; dans
les mois de mars et d'avril, lorsqu'on veut semer en
pleine terre.

Les milans ne se sèment généralement qu'au printemps.

Les choux verts se sèment depuis le mois de mars
jusqu'en mai, quand on veut les récolter en hiver, et
de juillet en août, lorsqu'on veut qu'ils produisent en
été.

Les choux-raves se sèment en place de mai en juillet; les choux-fleurs de printemps doivent être semés à l'automne; ceux destinés à être mangés en été se sèment dès le mois de février sur couche, ou bien encore en mars pareillement sur couche, pour être mis en place en avril.

Les choux se plantent au cordeau et avec le plantoir; suivant les variétés, on les place à des distances différentes; le plant ne doit être ni trop grêle ni trop fort : dans le premier cas, il est plus sujet à être dévoré par les insectes; dans le second cas, il est exposé à monter et à durcir. On se trouve bien d'enterrer le plant un peu au-dessus du collet; lorsque les premières feuilles sont légèrement recouvertes de terre, les racines latérales se forment plus rapidement et la végétation part avec plus de force, condition essentielle pour le succès de la plantation, car les altises attaquent bien souvent les premières pousses et les limaces ne les épargnent guère : par les temps doux et humides, de fréquents arrosages sont le meilleur moyen d'éloigner les insectes; les cendres ou la chaux mises au pied des choux écartent les limaces; les chenilles et plusieurs espèces de punaises leur nuisent encore au fort de leur végétation; contre ces parasites acharnés, il n'y a qu'une chasse active à leur opposer et surtout le respect des oiseaux à bec fin, leurs ennemis et nos auxiliaires naturels.

Indépendamment de ces règles générales applicables à tous les choux, certaines variétés exigent des soins particuliers; passons-les rapidement en revue. *Choux cabus.* Les variétés tardives, comme le *chou d'Alsace*, le *chou pommé de Hollande*, le *chou Joannet* et le *cœur de bœuf*, peuvent être semées en août, pour être mises en place en octobre; les variétés hâtives, telles que le *chou d'York* et le *pain de sucre*, ne se sèment que dans le courant d'août et la première quinzaine de septembre, pour être repiquées à demeure en octobre et novembre.

On sème sur couche, sous cloche ou sous châssis, ou bien en pleine terre bien terreautée, à l'exposition du midi. Dès que les planches sont préparées, on met le plant à 90 centimètres en tous sens pour les grosses variétes, et à 60 centimètres pour les petites. On arrose aussitôt après la plantation. On bine et l'on sarcle chaque fois que le besoin s'en fait sentir, et l'on n'épargne pas les arrosages. Le premier buttage qu'on donne aux choux aussitôt qu'ils sont assez forts pour recevoir cette façon, leur imprime un essor vigoureux, quand la saison est favorable.

Les choux de Milan se sèment ordinairement depuis février jusqu'à la fin d'avril. Ils sont généralement plus tendres que les autres, et supportent très-bien le froid lorsque leur pomme n'est qu'à demi formée. Quand la tête est complètement faite, on les arrache et on les laisse pendant quelques jours sur le sol, la tête en bas et la racine en l'air; au fur et à mesure que le froid augmente, on ouvre une tranchée, et on y place les choux dans leur position naturelle, en couvrant de terre leurs racines; on les abrite de la gelée en les chargeant de fumier long.

Les choux de Bruxelles n'offrent pas plus de difficultés dans leur culture que les autres choux. On les sème depuis le mois d'avril jusqu'en juin, pour avoir des produits depuis octobre jusqu'à la fin de l'hiver. On met en place, en quinconce, à 50 centimètres en tous sens, le plant muni de 4 ou 5 feuilles. Les porte-graines doivent être préservés des gelées et replantés au printemps; dès que leur reprise est effectuée, on enlève la couronne de feuilles qui les surmonte : c'est un luxe désormais inutile, plus nuisible qu'utile au développement de la graine, et absorbant une partie de la sève qui doit être exclusivement concentrée sur les organes de la fructification.

Les choux-fleurs, plus délicats que les autres choux, demandent une terre plutôt légère que forte, bien fumée et suffisamment tenue fraîche au moyen d'arrosages ; ils craignent surtout la chaleur et la sécheresse, aussi viennent-ils mieux au printemps et à l'automne qu'en été. On en connaît trois variétés principales : le *tendre* ou *hâtif*, le *dur* et le *demi-dur* ; ce dernier participe des deux autres par la forme et la qualité : le premier a la pomme assez lâche, le second l'a très-forte et très-serrée, mais il est plus tardif que les deux autres, il craint aussi beaucoup plus la séche-resse.

Les choux-fleurs se sèment en septembre lorsqu'on veut avoir du plant à mettre en place au printemps ; on repique en pépinière, à l'exposition du midi, dès que les premières feuilles sont bien développées ; en hiver, on couvre les plantes d'un châssis et on les double encore de paillassons si le froid devient intense ; on en est quitte pour donner de l'air chaque fois que la température le permet.

Au premier printemps, on prépare avec soin les planches qui doivent recevoir les choux-fleurs ; on enlève le plant avec précaution, et on le repique jusqu'au dessus du collet, en l'espaçant à 70 centimètres en tous sens. Un arrosage donné immédiatement après la plantation assure la reprise ; un paillis est ensuite étendu entre tous les pieds de choux-fleurs pour les maintenir frais, condition indispensable de leur succès : c'est dire, en d'autres termes, que l'arrosage ne doit pas leur être marchandé. Dès que la pomme commence à se former, on l'abrite en cassant à demi une des feuilles qui l'entourent, pour l'en coiffer : cette espèce de capuchon la soustrait aux influences de l'air et de la lumière et lui donne plus de qualité.

Les choux-fleurs peuvent être encore semés au printemps et en été, mais leurs produits sont plus tardifs ; les semis ont lieu soit en avril, soit en juin ; on repique immédiatement en place, sans faire passer le plant de la couche à une pépinière provisoire. Quand la maturité est arrivée, on coupe les choux-fleurs au fur et à mesure des besoins. Veut-on en faire provision, on choisit un temps sec, on coupe les pommes à dix centimètres au-dessous de la tige qui les supporte, et on les suspend, la tête en bas, dans un local à l'abri de la gelée ; au moment de les utiliser pour le ménage on supprime le tronçon de la tige et on fait tremper le chou-fleur, par son extrémité caulinaire, dans de l'eau fraîche ; au bout de quelques heures, la pomme, qu'il faut éviter de mouiller, reprend son volume et l'aspect frais qu'elle présentait quand on l'a récolté.

Les brocolis, variété de choux-fleurs à feuilles ondulées et à dimensions plus fortes, varient de coloration. Ils se sèment au printemps pour être récoltés à l'automne ; leur culture est la même que celle des choux-fleurs ; ils demandent à être un peu plus espacés ; on les met à 80 centimètres les uns des autres.

Ciboule.

On cultive plusieurs variétés de ciboule : la *commune*, la *blanche* et la *ciboule hâtive;* toutes se traitent de la même manière.

On sème la ciboule dans les mois de février et de mars, pour replanter en avril et mai, ou bien dans le courant de juillet, afin de replanter en septembre et récolter au printemps suivant. On sème rarement la ciboule seule ; presque toujours elle est associée à des radis ou à des salades ; la semaille a lieu à la volée ; la graine doit être fort peu enterrée, on se contente de la recouvrir d'une légère couche de terreau.

Lors du repiquage, on met deux ou trois plants dans le même trou, à quelques centimètres de profondeur et à une distance de 15 centimètres environ ; ils forment promptement touffe ; on coupe lorsque les touffes sont bien garnies, et jusqu'aux gelées. Pendant sa végétation, la ciboule ne demande qu'une terre meuble et propre, rafraîchie de temps en temps par quelques coups d'arrosoir.

La graine doit être récoltée bien mûre sur plant de deux ans ; on coupe alors les ombelles et on en forme de petites bottes qu'on laisse sécher au soleil, et qu'on suspend ensuite dans un lieu sec. Conservée dans sa capsule, la graine garde sa faculté germinative pendant trois ans ; une fois qu'elle a été tirée de son enveloppe, elle doit être semée dans le cours de l'année qui suit son extraction.

Indépendamment des trois variétés ci-dessus indiquées on en cultive encore une quatrième, c'est la *ciboule vivace* ; elle ne donne presque jamais de graines ; elle se multiplie d'éclats au printemps et à l'automne ; on la repique à 18 ou 20 centimètres de distance : elle touffe beaucoup.

Ciboulette ou civette.

La ciboulette s'emploie surtout comme fourniture dans les salades. Elle réclame une bonne terre substantielle et légère, et demande une exposition chaude. On la cultive ordinairement en bordure. Quoiqu'elle vienne à graine, on préfere la multiplier par cayeux qu'on éclate et qu'on met en place, trois par trois, à 18 ou 20 centimètres de distance, car elle forme promptement de larges touffes. Ses feuilles sont d'autant plus fines et délicates, qu'on les coupe plus souvent. Elle peut occuper la même place pendant plusieurs années, pourvu qu'elle soit binée et sarclée avec soin et qu'on lui donne les arrosages nécessaires pendant la chaleur. L'hiver venu, on coupe toutes les feuilles rez terre, et on recouvre la plante d'une couche de terreau.

Claytonie.

La claytonie, dont les feuilles peuvent être employées en guise d'épinard, d'oseille ou de pourpier, mériterait d'être plus cultivée qu'elle ne l'est généralement. Tout sol lui convient, et elle s'arrange de toute exposition, mais elle ne réussit complètement que dans une terre grasse, parfaitement meuble.

On peut la semer au printemps en terre douce et terreautée, soit à la volée, soit en lignes, mais toujours un peu clair, par suite de sa disposition à se ramifier fortement du collet. On doit la couper plusieurs fois dans le courant de l'été et avant qu'elle ne fleurisse. Semée au mois d'août, la claytonie fournit abondamment pendant l'hiver une salade égale, sinon supérieure à celle du pourpier ; dans les fortes gelées, on l'abrite sous un châssis ou sous des paillassons. Cuite, elle se mange comme l'oseille et l'épinard ; crue, elle se mêle en salade dans la chicorée, la laitue, les mâches.

Les semis de printemps fournissent la meilleure graine ; celle-ci se conserve pendant trois ans. La maturité arrivée, on coupe les tiges, et on les fait sécher dans un endroit bien aéré pour les battre plus tard.

Concombre.

Il existe de nombreuses variétés de concombres ; les plus estimés sont les blancs parmi lesquels on distingue le *concombre blanc long*, le *blanc hâtif*, le *gros blanc de Bonneuil*, le *petit vert* et le *vert long* : ces deux derniers sont traités comme cornichons, c'est-à-dire qu'on les cueille avant qu'ils aient atteint toute leur grosseur, pour les confire au vinaigre.

Les variétés hâtives se sèment sur couche chaude et sous cloche ou sous châssis dans les mo s de janvier et de février, on les repique ensuite sur couche, et jusqu'à deux fois en pots, quand il sont assez forts pour supporter cette transplantation ; on donne de l'air chaque fois que la température le permet, et l'on couvre avec du fumier long ou des paillassons, si l'on craint de fortes gelées. Lorsqu'on n'a plus à redouter les froids tardifs, on peut semer en pleine terre. On ouvre des trous de 40 centimètres de profondeur, à 60 centimètres les uns des autres, au milieu d'une planche de 1 mètre 50 de large sur une longueur indéterminée ; on remplit chacun de ces trous de fumier qu'on recouvre ensuite de 16 centimètres de

terreau; ils reçoivent chacun trois graines de concombre; lorsque les plantes sont bien levées, on

garde le pied le plus fort et on supprime les deux
autres. Les concombres doivent être *taillés* dès qu'ils

ont pris cinq ou six feuilles. On pince d'abord la tige
au sommet, au-dessus du second œil, afin de favoriser la sortie des rameaux latéraux ; ceux-ci sont distribués à droite et à gauche. Lorsqu'ils sont suffisamment développés, à leur tour, on les pince au-dessus
de la quatrième ou cinquième feuille ; on taille ainsi
successivement, à cinq ou six yeux, toutes les branches
qui se montrent, et, quand la plante s'est chargée
d'un assez grand nombre de fruits, on choisit les mieux
venants et les mieux placés, et l'on retranche tous
les autres.

Pendant leur végétation, les concombres ne demandent que de la chaleur et des arrosages. Pour
recueillir les graines, il suffit de laisser le fruit se dé-
composer sur place ; on en prend les semences, on les
lave et on les fait sécher à l'air libre : elles gardent
pendant 7 ou 8 ans leur faculté germinative.

Courges.

Les graines de cette plante se sèment en pots qu'on
place, en mars ou en avril, sur couche et sous cloche
enterrés jusqu'au bord, pour être mis en pleine terre
et à bonne exposition dans le courant de mai. Quand
on veut semer directement en place, on attend que
toute gelée soit passée, car la plante est très-sensible
au froid ; on ouvre de petites fosses de 40 à 50 centimètres de large sur 30 de profondeur, on en garnit le
fond de bon fumier, et on achève de les remplir de
terreau. On met trois graines dans chaque trou, mais
lorsqu'elles ont commencé à se développer, on ne
garde que le plant le plus fort. Pendant la végétation,
il ne faut pas épargner l'eau, les courges en sont

très-avides. En général, on les abandonne à elles-
mêmes, sans leur faire subir aucun retranchement
d'organes; la taille, cependant, ne leur est pas moins
profitable qu'aux concombres : elle se pratique de la
même manière que pour cette plante, c'est-à-dire
qu'on pince la première tige au-dessus du second
œil, afin de favoriser l'émission des branches latérales; quand le fruit est noué, on arrête la branche
qui le porte à trois yeux au-dessus. Si l'on tenait
plus au volume des fruits qu'à leur abondance, on n'en
garderait que deux sur le même pied, et même qu'un
seul. Pour accroître encore la grosseur, on fixe la tige
au sol au moyen d'un crochet, de telle sorte qu'elle
s'enracine aux articulations, de mètre en mètre ; le
fruit prend alors un développement monstrueux.

Les principales espèces de courges cultivées sont :
le *gros potiron jaune* avec ses sous-variétés *verte* et
blanche; le *potiron d'Espagne*, meilleur que le précédent; la *Mélonée de Marseille* (elle exige un climat
chaud); la *courge turban*, plus ferme et plus sucrée
que le potiron; la *courge de l'Ohio*, la *courge à la
moelle*, l'*artichaut de Jérusalem* ou *bonnet d'électeur*:
cette variété se coupe par tranches qui, frites, rappellent le goût de l'artichaut.

Les *pastèques* ou *melons d'eau*, si communes dans
le midi de la France, appartiennent à la section des
giraumons caractérisés par la forme oblongue du fruit.

Les courges doivent être récoltées avant leur maturité ; elles la complètent en cave ou dans tout autre
local, à l'abri de la gelée.

Cresson de fontaine et cresson alénois.

Le cresson de fontaine est une plante aquatique qui se multiplie avec une extrême facilité dans toutes les eaux de source dont la température n'est pas élevée : les cressonnières artificielles approvisionnent les marchés des grandes villes de presque tout le cresson qui s'y consomme. On peut aussi le faire

venir dans les jardins potagers lorsqu'on y dispose d'un ruisseau ; il suffit alors d'en garnir le fond de quelques pieds enracinés, ils s'y propagent bientôt avec rapidité. On coupe le cresson avant qu'il n'entre en fleurs, il est d'autant plus tendre et plus doux, qu'il est coupé plus souvent ; il donne abondamment jusqu'aux gelées. Le point essentiel de cette culture est

de ne jamais laisser le cresson à sec et de le préserver
de l'envahissement des mauvaises herbes, surtout de
certaines ombellifères aquatiques qui lui ressemblent
grossièrement par leur feuillage, et parmi lesquelles
se trouvent des poisons très-dangereux.

Le cresson alénois, plante exclusivement terrestre,
mérite, par sa saveur légèrement piquante, d'être cultivé pour suppléer au cresson de fontaine quand on
n'a pas de cours d'eau. On peut en semer tous les
mois en terre douce et substantielle ; les semis à la
volée ou en bordures serrées lui conviennent ; on le
coupe dès qu'il est suffisamment développé, et toujours avant qu'il n'entre en fleur.

Dent de lion ou pissenlit.

Les salades qu'on vend sous ce nom proviennent
généralement des plantes recueillies au premier printemps dans les endroits herbeux et surtout dans les
prés frais où le pissenlit abonde. Mais la plante sauvage se durcit promptement et perd de sa saveur en
vieillissant ; par la culture, au contraire, on la rend
plus comestible et d'un usage plus prolongé.

Toute espèce de terrain lui convient, pourvu qu'il
soit gras et frais ; on sème à la volée pour repiquer
très-épais sur planches étroites, séparées par de petits
sentiers. Vers le milieu de l'automne, on recharge
les planches d'une couche de terreau, de sable ou de
tannée de 15 à 20 centimètres d'épaisseur ; le pissenlit,
quand le temps est doux, ne tarde pas à se faire jour
à travers cette couverture, il est alors suffisamment
blanchi ; on le coupe entre deux terres ou bien on le
récolte en découvrant la couche de terreau qui le ca-

che et dont on peut recharger le reste de la planche :
on se procure ainsi d'excellentes salades qui ne sont
pas inférieures à la chicorée.

Échalote.

L'échalote est originaire de la Palestine; elle a été
introduite en France à l'époque de la première croi-
sade, et malgré son point de départ méridional, elle
n'en vient pas moins bien dans notre climat tempéré.
Cette plante préfère les terres légères aux terres
fortes, elle redoute par-dessus tout l'humidité. Chaque pied d'échalote comprend de 5 à 10 caïeux en-
veloppés sous une pellicule commune, et qu'on éclate
pour les multiplier. On plante en février ou mars et
quelquefois avant l'hiver lorsqu'on veut avoir de bonne
heure de l'échalote. Les petits caïeux, de forme allongée, conviennent mieux que les gros pour la reproduction; ils doivent être enterrés très-superficielle-
ment et à 8 ou 10 centimètres les uns des autres, en
bordures ou en planches; quelques binages suffisent
pour les maintenir en bonne végétation.
La maturité s'annonce par la dessiccation des feuilles. Un peu avant de récolter, on déchausse l'échalote et on la laisse deux ou trois jours sur le sol exposée au soleil; on la rentre ensuite dans un endroit
sec, à l'abri de la gelée.
L'échalote, à cause de sa saveur plus fine et plus
délicate, est souvent employée en guise d'ail; elle
laisse dans la bouche un goût moins âcre et moins
persistant.

Épinards.

On cultive deux espèces principales d'épinards, les épinards à graines piquantes et les épinards à graines lisses: aux premières appartiennent l'*épinard commun* et l'*épinard d'Angleterre*; les secondes comprennent les *épinards de Flandre et de Hollande*.

Lorsqu'on veut avoir des épinards en tout temps, il faut en semer tous les mois, depuis mars jusqu'en octobre; les semis d'été sont sujets à monter rapidement; ceux du printemps sont plus avantageux: ils produisent à une époque où les autres légumes sont encore très-rares.

L'épinard veut une terre bien ameublie, en bon état de fer-

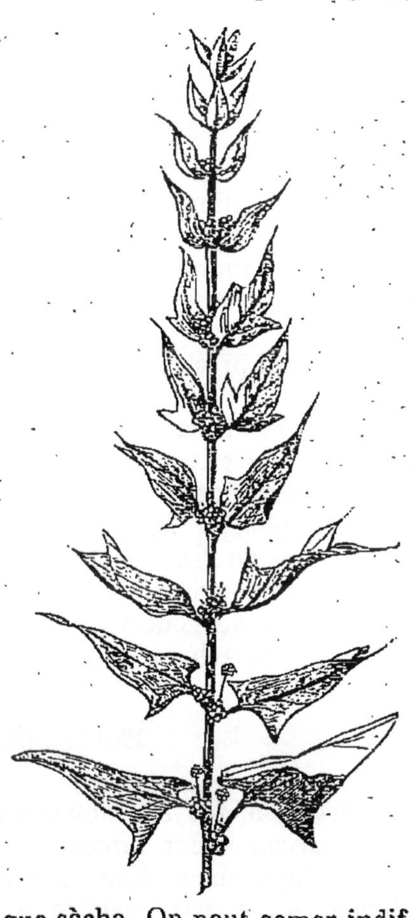

tilité et plus fraîche que sèche. On peut semer indifféremment en lignes espacées de 20 centimètres, ou bien à la volée; la plante, couvrant promptement le sol, ne laisse guère de place aux mauvaises herbes; toutefois, la culture en rayons a l'avantage, après chaque cueillette, de permettre de donner économiquement un binage qui favorise extrêmement la repousse. Il convient de semer clair, afin que les plantes puissent prendre tout leur développement; une couche de terreau répandue sur le semis dispense de paillis. On arrose aussitôt après avoir semé pour obtenir une germination rapide; plus on arrose pendant la végétation, plus celle-ci se développe.

La graine doit être prise sur les semis faits à l'automne; on soutient les porte-graines par des tuteurs; la semence garde sa propriété germinative pendant 3 ans.

L'épinard présente une particularité bonne à connaître.

Lorsque le froid l'a saisi, ses feuilles ont une transparence qui ferait croire que la plante est perdue pour la consommation : il n'en est rien ; pour l'utiliser, il suffit de plonger les feuilles pendant une heure ou deux dans de l'eau froide et de les laisser ensuite se ressuyer ; elles reprennent alors leur aspect ordinaire, et n'offrent au goût aucune différence avec les épinards que la gelée n'a pas atteints.

Estragon.

L'estragon, par ses rameaux et ses feuilles, fournit un assaisonnement aromatique dont les ménagères usent fréquemment dans les salades et dans les condiments qu'on laisse, pendant plus ou moins de temps, confire au vinaigre.

L'estragon est originaire de la Sibérie ; on le multiplie en l'éclatant de pied. La plantation a lieu en
avril ou mai, à bonne exposition, en bordure ou au
bas d'un mur. Les pieds doivent être placés à 40 centimètres les uns des autres. Chaque coupe qu'il subit
rajeunit ses parties herbacées ; si on l'arrose aussitôt
après cette opération, il ne tarde pas à repousser avec
force. A l'entrée de l'hiver, on coupe toutes les tiges
rez terre, et on couvre la planche d'une couche de
terreau ou de litière pour la mettre à l'abri des gelées.
Une terre légère lui convient mieux qu'une terre forte.

Fèves de marais.

La fève de marais aime les terres consistantes, plus
fortes que légères, labourées à fond et fumées de
vieille date. Quand on veut avoir des fèves de bonne
heure, on sème dans le courant de l'automne ou dans
les beaux jours de février ; cette plante supporte bien
le froid, même assez rigoureux. On peut semer en
planches à la volée, en ayant soin de mettre les plants
à sept ou huit centimètres ; mais par ce procédé les
sarclages et les binages sont bien plus dispendieux
et plus difficiles ; mieux vaut, à tous égards, semer en
lignes ou à pochets. Dans ce dernier cas, on ouvre
des trous de peu de profondeur, et on jette dans chacun trois ou quatre fèves ; lorsqu'elles ont cinq à six
centimètres de hauteur, on leur donne un binage
suivi bientôt d'un léger buttage ; 15 ou 20 jours
après on les chausse une seconde fois : ce second
buttage favorise le développement des racines et contribue à rendre la plante plus vigoureuse.

Les fèves, pendant leur végétation, se montrent

assez rustiques et l'eau de la pluie leur suffit ordinairement; cependant, si la sécheresse se faisait par trop sentir, quelques coups d'arrosoir leur feraient le plus grand bien. Lorsqu'elles ont passé fleur, on les *écime;* le retranchement des extrémités a pour but d'empêcher la plante de s'emporter en pousses inutiles, et de concentrer la sève sur les gousses qui, par cette opération, grossissent davantage et mûrissent plus tôt.

Cette maturité précoce a l'avantage de soustraire les plantes aux ravages des pucerons dont les piqûres compromettent souvent la récolte.

Veut-on manger les fèves en vert, on les cueille, une à une, quand elles sont au quart de leur grosseur normale ; mais si l'on veut les récolter parfaitement mûres, il faut attendre que les gousses soient complètement noires ; on les coupe alors près de terre ou même on les arrache tout à fait : la graine garde sa faculté germinative pendant quatre ou cinq ans.

Fraisier.

Des nombreuses variétés de fraisiers introduites aujourd'hui dans les jardins, la plus précieuse, sans contredit, est la *fraise des Alpes* ou *des quatre saisons;* son fruit, plus gros que celui de la fraise des bois, n'a pas moins de saveur, et il a l'avantage de donner abondamment depuis le mois d'avril jusqu'en novembre. Ce fraisier tient lieu de toutes les autres espèces plus ou moins recommandables par le volume de leurs fruits, mais qui ne sont pas remontantes.

Bien qu'originaire des bois, le fraisier ne redoute nullement l'exposition au soleil quand on a soin de tenir le sol frais, au moyen de paillis et d'arrosages fréquents.

Le fraisier se multiplie de graines, par *coulants* ou *filets*, et aussi par éclats.

Quand on veut régénérer le plant à l'aide de la semence, on choisit, au printemps, les fraises les plus

belles et les plus mures, on en extrait les graines en les froissant avec les doigts, et en les lavant ensuite à plusieurs eaux. Lorsqu'elles sont suffisamment débarrassées de leur pulpe et à demi sèches, on les mêle à de la terre très-fine et on les sème sans retard dans une terre de bruyère ou sur terreau bien pulvérisé. Il n'est pas nécessaire d'enterrer la semence; on la répartit aussi également que possible et on appuie contre le sol avec une palette ou avec la main. Ce semis doit être placé à l'ombre, abrité par des paillassons, et arrosé légèrement; il lève généralement au bout de trois semaines ou d'un mois; on repique aussitôt que les plantes sont en état de supporter la transplantation. Les filets ou coulants sont ordinairement employés pour renouveler les carrés de fraisiers, il suffit de les laisser s'enraciner d'eux-mêmes; mais quand on veut leur donner plus de force, on stimule leur végétation par une poignée de terreau déposée près des nœuds; arrivés à un certain développement, ils peuvent être repiqués en pépinière ou mis immédiatement en place.

L'éclat est une opération qui consiste à séparer des pieds-mères les œilletons qu'ils ont produits; par ce mode de multiplication, on rejette la vieille souche et l'on veille à ce que chaque œilleton soit pourvu de racines : la reprise en est d'autant plus prompte.

La plantation des fraisiers peut s'effectuer au printemps ou à l'automne. Le sol, disposé en planches, doit être préparé par un bon labour et recevoir du fumier bien décomposé; cela fait, on place le plant en quinconce à 25 ou 30 centimètres de distance, on le garnit ensuite d'une légère couche de terreau de feuilles ou bien on le paille. Des arrosages distribués à propos assurent la reprise, ils ne doivent pas être épargnés dans le cours de la végétation si l'on veut avoir du fruit de qualité et en abondance. Avec le paillis, il n'y a point de binages à donner au sol, tout se borne à enlever les quelques mauvaises herbes qui poindraient çà et là; il faut surtout avoir soin d'enlever les filets dès qu'ils commencent à s'allonger; sans cette précaution, les pieds ne tarderaient pas à s'énerver.

Le fraisier produit peu l'année de la plantation, c'est pourquoi, malgré l'inconvénient de voir l'hiver

détruire quelques jeunes plants, on se trouve bien,
en général, de planter à l'automne; il est important
de le faire d'assez bonne heure, par exemple du
20 octobre au 15 novembre, afin que les fraisiers
aient bien repris avant l'arrivée des grands froids.

Le fraisier peut occuper les mêmes planches pendant trois ou quatre ans et même plus ; mais, à la
longue, il finit par s'épuiser et ne plus donner que des

fruits rabougris ; le mieux est de ne conserver les
planches que pendant deux ans. A la fin de la première année, dans le courant de l'automne, on remplace le paillis usé par un terreautage assez épais,
qui, d'une part, protège la plante contre le froid, et,
de l'autre, maintient la fertilité du sol ; l'hiver passé,
on enlève les vieilles feuilles de chaque pied, on donne
un bon binage pour aérer et nettoyer le terrain, et
l'on applique un nouveau paillis : cette dernière précaution empêche le sol de se battre, elle le tient frais,
condition essentielle pour le succès de la plantation,
et préserve les fraises de tout contact terreux, en

sorte qu'elles sont toujours propres malgré la pluie et les arrosages.

Le fraisier se plante souvent en bordures, les espèces qui ne drageonnent pas, conviennent surtout pour cette destination ; tels sont, entre autres, le *fraisier buisson* et le *fraisier Gaillon.*

Haricots.

Les haricots se partagent en deux groupes principaux : 1° les *haricots à rames*, c'est-à-dire qui sont grimpants et qu'il faut soutenir avec des rames pendant leur végétation ; 2° les *haricots nains*, dont la végétation n'a pas besoin de soutiens.

Indépendamment de ces caractères tranchés, on peut encore distinguer les haricots selon l'usage qu'on en veut faire, en *haricots secs* à manger en grains à leur maturité parfaite ou un peu avant leur maturité, en *haricots verts* dont on consomme les gousses vertes, lorsque la graine est à peine formée, et en *haricots mange-tout* ou *sans-parchemin*, ainsi appelés parce que l'on peut manger, à la fois, la gousse et le grain presque au point de maturité de ce dernier : dans cette catégorie se trouvent des haricots nains et des haricots à rames.

Parmi les haricots à rames, les variétés les plus recommandées sont : le *haricot de Soissons*, le *sabre* et le *prédome.*

Les variétés naines les plus estimées sont : le *flageolet* à grain plat, blanc et gros ; le *haricot sabre nain* à grain blanc, aplati et peu volumineux ; le *soissons nain* dont le grain est gros et plat.

Ces variétés sont principalement cultivées pour leur grain.

Comme haricots verts, il faut citer le *haricot de Ba-*

gnolet, le *plein de la Flèche*, le *noir de Normandie* et le *haricot de la Chine* qui se mange également en vert et en sec : son grain est légèrement couleur de soufre.

Parmi les mange-tout, le *prédome* ou *prud'homme*, le *nain jaune du Canada*, le *Prague rouge* et le *haricot-beurre* ou *d'Alger*, passent pour les meilleurs.

Les haricots veulent une terre plutôt sèche qu'humide, de moyenne consistance, et en bon état de vieil engrais.

Le sol, pour cette plante, doit être rendu meuble par de bons labours et tenu tel pendant la végétation à l'aide de binages.

On sème lorsque les gelées ne sont plus à craindre, car la plus petite gelée blanche tue les haricots ; dans les terres légères, on plante par touffes ; dans les terres plus fortes, on sème ordinairement en lignes. Dans le premier cas, on creuse, dans une terre préalablement ameublie, de petites fosses à 50 ou 60 centimètres les unes des autres, et de huit ou dix centimètres de profondeur, et on y place cinq ou six haricots qu'on recouvre très-légèrement de terre très-fine ou mieux encore de terreau en laissant au sol la forme d'une petite cuvette. Pour semer en lignes, on trace avec le cordeau des raies peu profondes, à 35 centimètres de distance les unes des autres et on y répand les haricots en les espaçant, autant que possible, à 10 centimètres dans chaque ligne.

Les haricots à rames se plantent autrement.

La meilleure méthode est celle usitée en Belgique. Après avoir labouré le terrain, on dresse de petites buttes à soixante centimètres les unes des autres dans des lignes ayant le même intervalle; on plante de 8 à 10 haricots autour de chaque butte, à 2 ou 3 centimètres les uns des autres; on place les rames

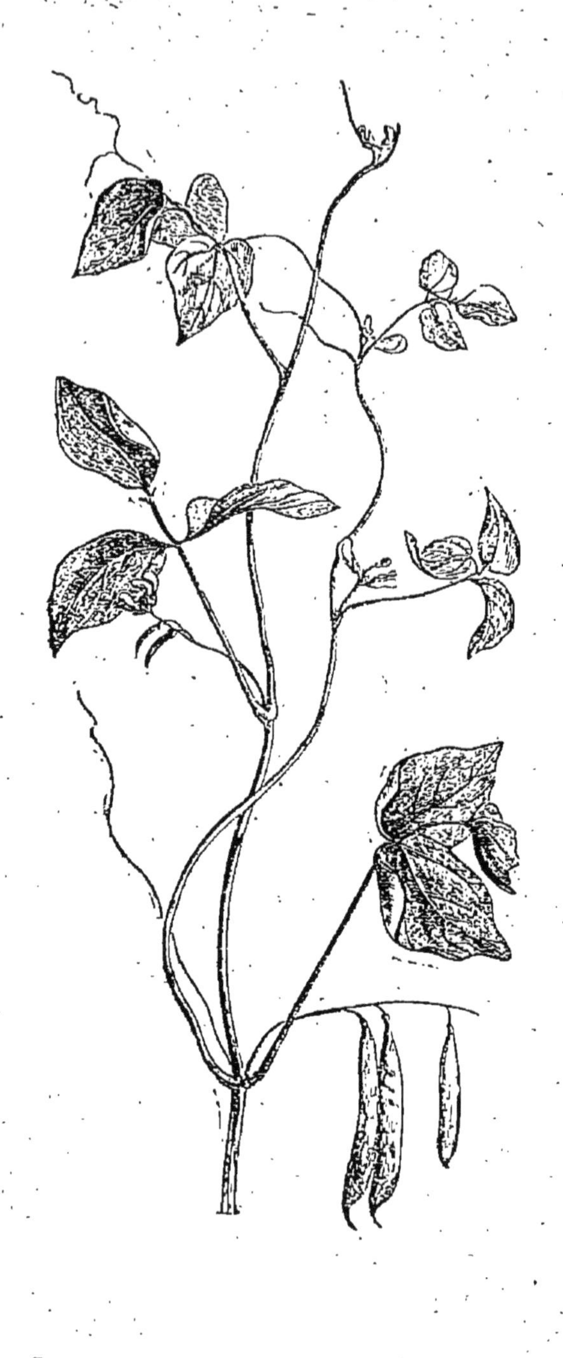

quand les haricots sont bien levés. Pour peu que la terre se durcisse après le semis, il convient de briser la croûte légèrement, afin de faciliter la prompte sortie des haricots; quand ils restent longtemps en terre sans lever, ils sont exposés à pourrir, surtout si la saison est pluvieuse. Dès que les haricots sont hors de terre, il faut leur donner un léger binage, on le renouvelle encore si la terre vient à se durcir ou à se battre; si des mauvaises herbes envahissaient le sol, on les arracherait à la main, au fur et à mesure de leur apparition.

Par la sécheresse, les fleurs du haricot sont sujettes à couler; on prévient cet accident au moyen de l'arrosage, mais en aucun cas il ne faut abuser de l'eau; cette plante, en effet, redoute plus les pluies continues qu'une sécheresse assez forte, pourvu qu'elle ne soit pas trop prolongée.

Les haricots qu'on veut manger en vert ou à mi-grain, peuvent être semés successivement de mois en mois, à partir de mai. On les cueille quand ils sont suffisamment développés. Ceux qu'on destine à être consommés secs, doivent avoir atteint leur complète maturité avant d'être récoltés. Les haricots grimpants sont enlevés en bloc avec leurs racines aussitôt que leur maturité est accomplie. Les haricots nains sont arrachés à la main; on les laisse pendant quelques jours sur le sol exposés au soleil, puis on les lie en bottes et on les rentre dans un endroit sec pour les battre ou les écosser à loisir dans la morte-saison.

Les premiers semis sont ceux qui, toutes circonstances égales, fournissent la meilleure semence.

Laitues.

Les nombreuses variétés de laitues qu'on cultive, peuvent être réparties en deux grandes catégories : les *laitues* et les *romaines;* les premières se divisent

en quatre sections : les *laitues de printemps,* les *laitues d'été,* les *laitues d'hiver* et les *laitues à couper,* comprenant toutes les petites espèces hâtives auxquelles il faut joindre la *laitue-chicorée* et la *laitue-épinard* qui a la propriété de se couper plusieurs fois.

1ʳᵉ Catégorie. — Laitues pommées.

Aux laitues du printemps appartiennent comme variétés principales la *gotte,* la *crêpe blonde,* la *dauphine,* le *cordon rouge* et la *sanguine* à graines blanches.

Parmi les laitues d'été, on distingue la *laitue de Versailles,* la *blonde d'été* à feuilles frisées, la *laitue*

de Batavia, la *Turque* et la *sanguine* à graines noires ;
leurs feuilles sont ondulées.

Dans les laitues d'hiver se rangent la *laitue de passion* et la *marine :* la *sanguine* à graines blanches peut aussi être comprise dans cette section.

2ᵉ *Catégorie.* — **Romaines ou chicons.**

Les romaines se distinguent des chicorées proprement dites par leurs feuilles allongées, étroites à la base et serrées fortement au sommet ; elles ne sont jamais ni frisées, ni cloquées, et elles se tiennent droites, au lieu de s'étaler sur le sol.

Les variétés les plus estimées parmi les romaines sont : la *romaine blonde* et la *romaine verte maraîchère,* se coiffant naturellement, sans avoir besoin d'être liées, la *verte* et la *rouge d'hiver,* l'*alphange* à graines blanches et à graines noires, la *panachée sanguine* et la *panachée tardive.*

Dans les terrains légers et secs les laitues pomment difficilement et se mettent rapidement à graines ; dans les terrains forts ou argileux, elles croissent lentement ; le sol qui leur convient le mieux, en général, est une terre douce, de moyenne consistance, meuble et bien fumée.

Les laitues de printemps se sèment en mars sur terreau et à bonne exposition, pour être repiquées à la fin de ce mois ou en avril ; on peut aussi les semer à la même époque à travers les oignons, les carottes, les radis, auxquels elles ne nuisent en aucune façon ; les éclaircies qu'on a soin de pratiquer fournissent déjà de petites salades, et tiennent lieu ainsi de laitues à couper.

Les laitues d'été se sèment depuis le mois d'avril

jusqu'en juillet, soit seules, soit mêlées à d'autres cultures; on les repique quand elles ont pris assez de force.

C'est dans le mois d'avril qu'on sème les romaines d'été; on y revient tous les quinze jours, afin qu'il n'y ait pas d'interruption dans la consommation : passé le mois de mars, on peut semer en place.

Les semis précoces, c'est-à-dire ceux qu'on fait en février ou en mars, ont lieu sur couche et sur terreau. Quand le plant a quatre feuilles, on le repique sous cloche, et l'on donne de l'air toutes les fois que la température le permet; pour peu que la gelée menace, on couvre les cloches de feuilles ou d'une bonne litière.

Lorsque le plant a acquis assez de force, on le repique en planches dans une terre bien ameublie, en bon état d'engrais et, de plus, terreautée. Suivant le développement que prend chaque variété, on espace plus ou moins les lignes et l'on met les plants en quinconce, de manière qu'ils se trouvent au moins à 18 ou 20 centimètres les uns des autres. Le repiquage s'effectue avec le plantoir; il faut avoir soin de ne pas trop serrer la terre autour de la jeune plante qui est fort délicate dans son jeune âge, le cœur surtout doit être bien dégagé. Aussitôt après cette opération, on arrose pour bien fixer la plante, et l'on garnit les planches de leur paillis. La reprise obtenue, tous les soins, pendant la végétation, consistent en sarclages, binages et arrosages. Ces derniers lorsqu'ils sont appliqués en abondance et à propos, contribuent beaucoup à rendre les salades plus tendres et à leur donner plus de volume. On lie les variétés qui exigent cette précaution, il faut le faire par un temps sec et ne plus donner d'eau qu'au goulot et seulement au pied de la plante. Si le temps, après qu'on a lié, tournait en pluies continues, il faudrait desserrer les liens ou même les supprimer tout à fait, sous peine de voir pourrir les laitues, mais ce double travail n'est nécessaire que par des intempéries prolongées.

Les laitues d'hiver se sèment en septembre pour être repiquées dans le courant d'octobre, à bonne exposition; on les garantit des gelées à l'aide de paillassons ou de litières sèches qu'on enlève chaque fois que le temps le permet.

Les porte-graines doivent être pris parmi les pieds qui rappellent le mieux les principaux caractères de la variété; dès que les aigrettes se montrent et que les feuilles jaunissent, on arrache les tiges, on les dresse contre un mur au soleil, elles y complètent rapidement leur maturité : la graine est bonne pendant trois ou quatre années.

Mâches.

La mâche est une plante annuelle, indigène, qu'on sème à la volée tous les quinze jours, depuis la mi-août jusqu'à la fin d'octobre; elle demande une terre plutôt légère que forte, bien ameublie et en bon état de fertilité si l'on veut qu'elle pousse de larges feuilles : dans les terrains trop forts ou pauvres, la mâche est souvent chétive et dure.

On sème généralement assez dru; les diverses éclaircies qu'on pratique, ont l'avantage de fournir de petites salades et de mettre définitivement les plantes à la distance normale qu'elles doivent occuper. On peut semer la mâche dans un carré qui lui soit spécialement affecté, mais ordinairement on l'associe à d'autres produits, tels que choux-fleurs, chicorée, oignons, etc., elle profite des soins qu'on donne à ces légumes ; du reste, quand la terre est bien meuble, nette de mauvaises herbes et suffisamment fertile, la mâche vient, pour ainsi dire, spontanément et réclame tout au plus quelques arrosages de temps à autre.

La mâche, semée de bonne heure, monte vite ; celle qu'on sème vers la fin d'octobre résiste bien à l'hiver, et fournit abondamment pendant toute la morte-saison d'excellentes salades dont la durée se prolonge jusqu'à la fin de mars.

La graine une fois mûre se détache très-facilement de la plante ; c'est pourquoi il est nécessaire d'en faire la récolte à diverses reprises en secouant la tige sur un linge.

La vieille semence lève mieux que la semence nouvelle ; il faut la terrer très-légèrement.

On cultive deux variétés de mâche : la *mâche ronde* et la *mâche d'Italie*, appelée aussi *régence*.

Melon.

Les nombreuses variétés de melons introduites dans la culture maraîchère peuvent être réparties en trois classes, savoir : les *melons brodés*, les *cantaloups* et les *melons à écorce unie*.

Les variétés les plus estimées sont dans la première classe, le *sucrion de Tours*, le *sucrion de Langeais*, le *sucrion de Honfleur*, le *sucrion à chair blanche* et le *sucrion ananas*, *à chair verte*.

Dans la seconde classe, il faut citer : le *noir des cusmes*, le *cantaloup Prescott*, le *gros cantaloup de Hollande*.

Dans la troisième classe, enfin, on estime particulièrement les *melons de Malte, à chair blanche et à chair rouge*, et la *Muscade des États-Unis.*

La culture du melon diffère selon le climat où l'on se trouve et la précocité qu'on désire obtenir.

Les cultures *forcées* ne peuvent avoir lieu que sur couche et sous bâche ou châssis. On choisit, à cet effet, les variétés les plus hâtives, on établit des couches et on y enterre des pots garnis de terreau contenant chacun une graine : ces pots sont placés au centre de la couche. Dès que le semis est achevé, on pose le châssis et on le couvre d'un paillasson pour mettre les plantes à l'abri du froid et accélérer leur végétation. Au fur et à mesure que les melons sont bien levés, on les habitue graduellement à la lumière en soulevant les paillassons ; on a soin de les remettre tous les soirs, et on ne les enlève définitivement que lorsque les gelées ne sont plus à craindre. Vers le milieu de la journée ou, pour parler plus exactement, quand le soleil a déjà suffisamment échauffé l'atmosphère, on donne un peu d'air aux jeunes plantes en soulevant légèrement les panneaux par derrière ; on les essuie s'ils sont chargés à l'intérieur d'humidité. Pendant ce temps de première pousse, on prépare une nouvelle couche chaude, et lorsque celle-ci est à point, on y transporte les pots et on les y enterre; si on avait semé en plein terreau dans la première couche, on enlèverait avec précaution la jeune plante et on la repiquerait dans la seconde couche en ayant soin de l'enterrer jusqu'aux cotylédons ou feuilles séminales. Durant cette seconde période, on continue à donner graduellement de l'air aux jeunes melons; on préserve, autant que faire se peut, l'intérieur des châssis de toute humidité permanente, et on y entretient avec soin la chaleur au dégré voulu. Un mois environ après cette opération, on met le plant en place dans une troisième couche après qu'elle a jeté son feu, on enterre comme précédemment jusqu'aux cotylédons et on donne un léger arrosage.

De nouveaux soins ici vont devenir indispensables. Tout d'abord, on réchauffe la couche chaque fois qu'elle le demande, on s'occupe ensuite de la *taille* des melons. Aussitôt qu'ils ont émis quatre feuilles, on les étête au-dessus de la seconde feuille. Cet écimage détermine le développement des bourgeons placés aux aisselles des feuilles, d'où résultent plusieurs branches latérales, au lieu de la tige ascendante qui, par ce moyen, se trouve supprimée. Les plantes alors sont devenues assez fortes pour exiger moins de chaleur; en revanche, elles réclament plus d'air : on le leur fournit en soulevant de plus en plus les panneaux. Quand les branches-mères, obtenues par le pincement, ont poussé, à leur tour, leurs secondes feuilles, on les taille au dessus de ces dernières; il en résulte de nouvelles branches que l'on châtre également à deux ou trois yeux. En général, à cette phase de la végétation, les fleurs mâles ont fait leur première apparition sur les branches secondaires; de leur côté, les dernières venues se chargent de fleurs femelles, et bientôt la fécondation a lieu; on ne pousse pas ordinairement la ramification au delà du troisième degré.

Dès que le fruit est bien noué, on taille la branche qui le porte à un œil au-dessus de ce fruit, et l'on supprime graduellement toutes les branches qui ne portent que des fleurs mâles; peu de temps après, on procède au choix des fruits, on supprime tous ceux qui sont mal venants et l'on en garde au plus deux sur chaque pied, le plus près de la couche et les mieux conformés. Cette suppression opérée, on n'a plus qu'à retrancher toutes les branches superflues qui viendraient se jeter à travers les branches essentielles; on arrête toutes celles qui voudraient déborder le châssis; on retranche tous les fruits qui se montrent tardivement; on aère de plus en plus les plantes, et on les arrose avec discrétion : lorsque cette besogne est terminée, on n'a plus qu'à attendre la maturité des melons. En les traitant par cette méthode *forcée* qui réclame et beaucoup de soins et une surveillance de tous les instants, on peut, dans le centre de la France, se procurer des melons en état d'être mangés dans la première semaine de juin lorsque les semis ont eu lieu en janvier ou en février. Quelques personnes, après avoir d'abord taillé les melons à deux feuilles sur la tige primitive, attendent, pour opérer la seconde taille, que les deux branches latérales aient au moins six feuilles ; on les arrête au-dessus du sixième œil, en laissant croître toutes les fourches qui se développent ensuite ; quand les tiges ont leur fruit bien noué, on pince à un œil au-dessus du fruit, et l'on supprime le reste, au fur et à mesure qu'il se produit de bonnes *mailles*.

La culture du melon sous cloche se traite à peu près de la même manière.

Dès le mois de mars, on prépare des couches de 50 centimètres d'épaisseur sur 1 mètre 50 de large et d'une longueur indéterminée. On les charge de 20 centimètres de terreau plus ou moins mélangé d'une bonne terre légère ; on sème deux ou trois graines, on arrose très-modérément le semis et on le recouvre de cloches ou de châssis qu'on garnit de litière ou de paillassons.

Dès que le plant est levé, on enlève les paillassons pour l'habituer à la lumière ; on laisse les cloches entourées de litière jusqu'à ce que les froids soient passés et qu'on puisse soulever les cloches pour donner de l'air aux plantes. Celles-ci doivent être mises à l'abri d'un soleil trop vif ; chaque soir on remet les cloches en place. Pour pincer la tige, on attend qu'elle ait deux feuilles, et à mesure que la plante prend plus de force, on lui donne plus d'air ; on arrose de temps en temps, et l'on s'arrange de manière à maintenir l'équilibre entre toutes les branches, en évitant aussi qu'elles ne s'enchevêtrent. Lorsque les premiers fruits sont noués, que les fleurs mâles sont flétries et que le fruit commence à grossir, on taille les branches principales en les tenant courtes ou allongées, selon qu'elles ont plus ou moins de vigueur ; on ne garde au plus que deux fruits sur les branches les plus fortes ; on pince alors à deux nœuds au-dessus du dernier fruit : cette opération se répète sur les branches secondaires quand leur développement est suffisant ; on supprime ensuite toutes celles qui ne portent pas de fruits.

Huit ou dix jours après ce retranchement, on arrête l'extrémité des branches à fruit, et l'on supprime toutes les branches ultérieures qui viendraient à se produire. Lorsque le temps s'est mis décidément à la chaleur et que les melons ont pris un certain volume, on les tient à l'air libre pendant une grande partie du jour ; on arrose avec discrétion, et l'on place un tuileau sous chaque melon pour le soustraire au contact humide du sol. En couvrant les melons d'une cloche quand ils sont déjà gros, on accélère leur maturité. On reconnaît qu'un melon est mûr quand il change de couleur et qu'il exhale l'odeur de fruit qui lui est propre ; dans certaines variétés, le pédoncule se couronne ou se déchire aux approches de la maturité ; chez toutes les espèces, cette maturité est presque instantanée : aussi faut-il saisir ce point avec diligence, sous peine de voir la qualité du melon décroître sensiblement.

La semence doit être prise sur les individus les plus francs de caractères et qui ont le meilleur goût. Il suffit de mettre la graine à part chaque fois qu'on livre les melons à la consommation ; on la purge de sa pulpe et on la fait sécher à l'ombre ou dans un courant d'air : elle conserve pendant longtemps sa faculté germinative.

7

Navet.

On cultive de nombreuses variétés de navets; le sol et le climat exercent une grande influence sur cette plante; les navets qu'on obtient dans les terres sablonneuses ont, toutes circonstances égales, plus de qualité que ceux venus dans les terres fortes.

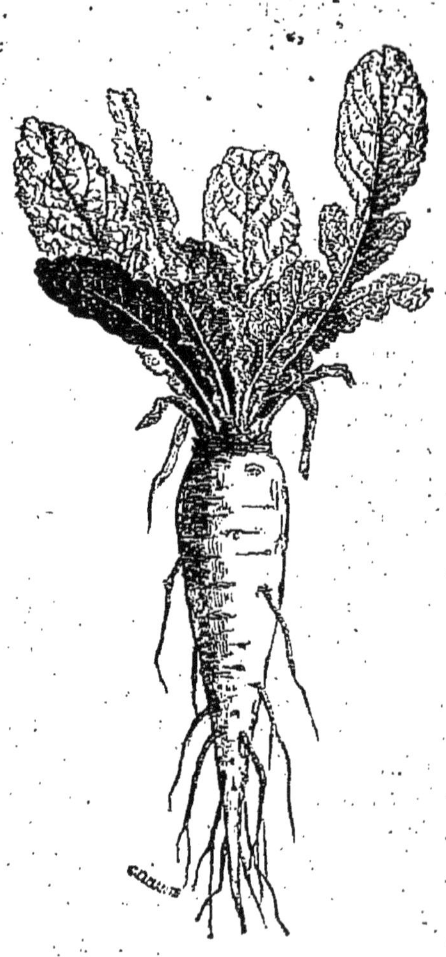

Les navets réussissent surtout en terre légère; les terres franches bien ameublies leur conviennent aussi très-bien.

Les semis de printemps ont le grave inconvénient de monter rapidement, même avec de la vieille graine toujours préférable à la semence nouvelle, c'est pourquoi on ne sème guère les navets avant le mois de juin, et l'on continue d'en semer jusqu'à la fin de septembre. On peut semer indifféremment à la volée ou en lignes ; un temps

pluvieux favorise non-seulement la levée, mais des pluies fréquentes, pendant la végétation, sont une cause presque certaine de la réussite des navets. Éclaircir si les plantes sont trop drues, biner chaque fois que la terre se prend en croûte, sarcler pour détruire

les mauvaises herbes, tels sont les soins généraux
qu'exige la culture des navets; c'est l'une des plus
simples et des moins dispendieuses. Lorsque les navets sont parvenus à leur grosseur définitive, on les

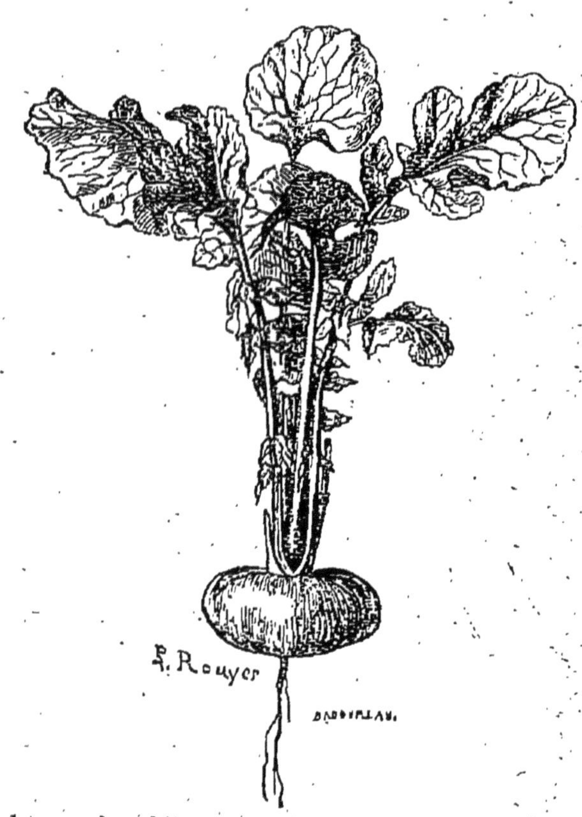

arraché, on les débarrasse de leurs fanes et on les
serre dans un endroit sec, à l'abri de la gelée. On
peut aussi leur faire passer une grande partie de l'hiver dans une fosse garnie sur toutes ses surfaces

de paille sèche, et recouverte d'une bonne litière.

Les variétés les plus estimées sont : le *navet de Freneuse*, le *jaune long*, le *navet des Vertus* et celui des *Sablons*; la *rave du Limousin*, bien que destinée généralement au bétail, peut aussi entrer dans la consommation ordinaire. Les porte-graines doivent être gardés, avec leurs fanes, dans un endroit abrité; on les met en terre dans le courant de mars, ils arrivent en graines en juin.

Oignon.

Les meilleures variétés d'oignons dont s'occupe la culture maraîchère sont : le *rouge foncé*, le *rouge pâle*, le *jaune des Vertus*, l'*oignon d'Espagne*, l'*oignon blanc*, gros et hâtif, et, pour le Midi, l'*oignon Romain* ou de *Bellegarde*.

L'oignon se cultive de deux manières principales : en place, ou bien en pépinière pour être repiqué ensuite en planches. Quelle que soit celle de ces méthodes qu'on adopte, la terre doit être de bonne nature, c'est-à-dire de consistance moyenne, préparée par de bons labours, vieille d'engrais et plombée à sa surface avant de recevoir le semis. Quand on sème en terre trop soulevée, il est rare qu'on réussisse; c'est pourquoi dans les sols légers il est indispensable de semer sur vieux labour, il suffit que la surface soit bien ameublie. On sème dans le courant de mars à la volée; on enterre très-légèrement la graine et on la recouvre d'une couche mince de terreau. Éclaircir, sarcler, biner et arroser, constituent les soins à donner aux oignons pendant leur végétation. Pour récolter, on attend que les tiges jaunissent; si elles tardent trop à prendre cette teinte, on les couche avec le dos d'un râteau, leur maturité s'en trouve notablement accélérée. Après avoir arraché l'oignon, on le laisse pendant quelques jours étendu sur le sol, exposé à l'influence de l'air et du soleil, et on le rentre par un temps sec dans un local, à l'abri des gelées : il y reste étalé sur le plancher. On peut laisser aux oignons mûrs leurs fanes, et quand celles-ci sont bien sèches, on les tresse et on en forme des *chaînes* plus ou moins longues, qu'on suspend à des perches horizontales dans un grenier.

Lorsque l'oignon doit être repiqué, on le sème en août pour être repiqué en automne ou au printemps suivant; quelquefois aussi, pour certaines variétés, telles que l'oignon jaune et l'oignon rouge, on sème dès la fin de février ou le commencement de mars : la graine toujours enterrée légèrement, se trouve bien d'une couche de terreau. Quand le plant est suffisamment fort, on l'enlève avec soin, on coupe l'extrémité des racines et des feuilles, et on le met en lignes avec le plantoir, à dix centimètres de distance : chaque planche de un mètre peut recevoir ainsi dix rangées parallèles d'oignon.

Indépendamment de ce procédé, le plus généralement usité pour le repiquage, on peut encore en employer un autre qui réussit très-bien. On sème en mai ou juin l'oignon très-dru; les bulbes se développent à peine dans le courant de l'été; l'automne venu, on les enlève sous forme de petits caïeux, et on les conserve pendant tout l'hiver dans un local bien sec; dès la fin de février ou le commencement de mars, on les met en place, à douze ou quinze centimètres en tout sens; ils prennent ainsi un grand développement et sont bons à récolter en juin.

Les plus beaux oignons, dans chaque variété, doivent être réservés comme porte-graines; on les tire de leur abri d'hiver, pour les mettre en place en mars. Pendant leur végétation, on peut leur donner l'appui de tuteurs perpendiculaires reliés entre eux par un tuteur horizontal; quand leurs têtes sont bien mûres, on les lie et on les met en bottes qu'on suspend au grenier; les graines, dans leurs capsules, gardent leur faculté germinative pendant deux ans.

Oseille.

Les maraîchers cultivent deux espèces principales d'oseille, l'*oseille de Belleville* et l'*oseille vierge*, ainsi appelée parce qu'elle ne se reproduit guère de graines; l'une et l'autre se multiplient par éclats, au printemps.

On sème l'oseille de Belleville en planches ou en bordures dans une terre légère, plutôt fraîche que sèche et en bon état de fumure; sa graine demande à être peu enterrée.

La culture de l'oseille consiste en sarclages, binages et arrosages.

Six semaines ou deux mois après avoir semé, on peut déjà commencer à prendre des feuilles. En général, on les coupe, mais il est préférable de les cueillir à la main en prenant les plus extérieures et ménageant celles du centre qui sont les plus récentes.

Aussitôt après la cueillette, surtout lorsqu'on fait usage du couteau, on se trouve bien de donner un binage, la repousse s'effectue alors avec célérité. On terreaute à l'entrée de l'hiver, c'est la seule

précaution à observer; l'oseille ne craint pas le
froid; en l'abritant avec une couche de litière, telle

mince soit-elle, on peut continuer les cueillettes même
pendant les gelées qui ne sont pas forte.

Panais.

Le panais n'est guère cultivé que comme plante aromatique; sa racine, ainsi que chacun sait, donne du goût aux potages. Le *panais de Siam* est le plus

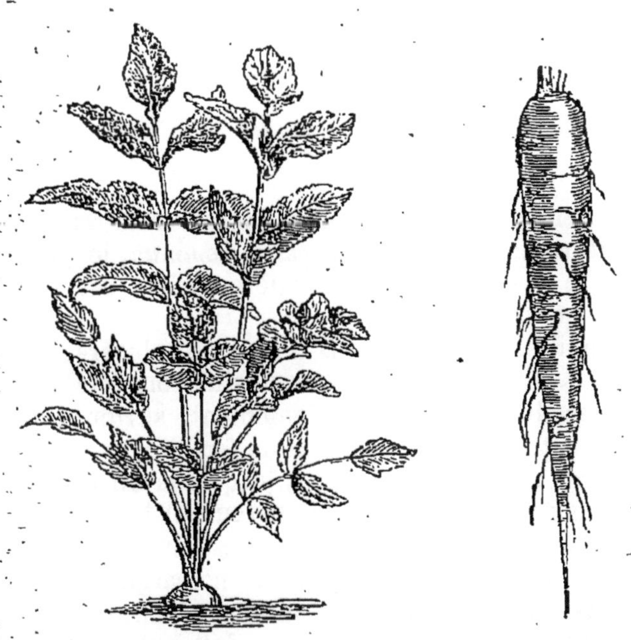

usité; la variété ronde, à forme de navet, est plus hâtive, et convient dans les terres qui ont peu de fond.

Les panais veulent un terrain profond, gras et frais, et réussissent d'autant mieux, que le sol a été bien défoncé. Ils ne craignent pas les gelées, aussi peut-on les laisser en terre pendant l'hiver.

On sème à la volée ou mieux en lignes et toujours un peu dru, sauf à éclaircir ensuite pour mettre le plant à bonne distance, c'est-à-dire à douze ou quinze centimètres.

Pendant sa végétation, il ne réclame que quelques sarclages et binages : il faut arroser modérément.

La graine ne se conserve que pendant un an.

Persil.

Le persil, plante bisannuelle, fournit trois variétés à la culture maraîchère : le *persil commun*, le *persil frisé* et le *non-frisé;* cette dernière variété est très-lente à monter.

Le persil se plaît dans les terres plus légères que fortes; les terres franches, lorsqu'elles ont été bien ameublies, lui conviennent également, surtout lorsqu'elles se trouvent en bon état de fertilité.

On sème depuis le printemps jusqu'à la fin de l'été en planches, en lignes ou en bordures; la semence doit être à peine recouverte; on arrose aussitôt après avoir mis la graine en terre, et l'on n'épargne pas les arrosages jusqu'à ce que la plante soit bien levée.

En général, les premiers et les derniers semis se font au pied d'un mur, à bonne exposition. On coupe au fur et à mesure des besoins, dès que les tiges commencent à monter. Quand on veut avoir du persil en hiver, il faut couvrir les plantes d'une couche de feuilles ou les abriter sous un châssis : le pied laissé à l'air libre ne gèle pas.

Le persil frisé demande à être moins serré que le persil ordinaire; on laisse en général un écartement de vingt à vingt-cinq centimètres; plus les sarclages sont exécutés avec soin, plus la cueillette est facile, puisqu'elle est sans mélange de mauvaises herbes.

La graine se récolte ordinairement en août, elle se détache avec une extrême facilité: c'est pourquoi on coupe les tiges quand la moitié de leurs graines est mûre; ces plantes s'hybrident souvent; le persil frisé dégénère facilement par la graine en persil ordinaire. La semence est bonne pendant deux ans.

Les feuilles de persil s'emploient avec avantage comme assaisonnement et comme fourniture.

Pimprenelle.

La pimprenelle, plante spontanée en France, croît dans les terrains les plus secs et les plus pauvres: c'est dire qu'elle n'est pas difficile sur la nature du sol ; les terres légères, cependant, lui conviennent mieux que les terres fortes.

On la sème ordinairement en bordures ; elle se reproduit aussi d'éclats; dans ce dernier cas, on divise les vieux pieds et on les plante à quinze centimètres de distance ; elle est assez rustique pour n'exiger, pour ainsi dire, aucune façon; mais quand on veut la couper souvent, il est nécessaire de ne pas lésiner sur les arrosages ; quelques binages, de loin en loin, lui sont aussi très-profitables.

La pimprenelle s'emploie comme fourniture dans les salades.

Piment.

Le piment, plus usité dans le midi que dans le nord, est surtout employé comme condiment. On en cultive trois variétés : le *piment ordinaire*, le *piment rond*, et le *gros-doux d'Espagne*.

On sème en mars sur couche, en avril sur terreau, pour repiquer ensuite en pleine terre et à bonne exposition. Le piment se place le plus ordinairement en bordures, les pieds à trente-deux centimètres les uns des autres. On peut le récolter vert pour le manger en cet état, ou bien attendre qu'il soit tout à fait mûr, c'est-à-dire rouge; il est alors bien plus piquant au goût.

Poireau.

Le poireau réussit surtout dans les terres de consistance moyenne, en bon état de culture et enrichies d'une vieille fumure : les engrais frais ne lui conviennent pas.

Cette plante se sème en mars et dans le courant de l'été, en lignes ou bien à la volée : on éclaircit si le semis est trop dru. Lorsque le plant a atteint la grosseur d'un tuyau de plume, on l'arrache avec précaution, on retranche habituellement l'extrémité des feuilles, en même temps qu'on rafraîchit les racines, et l'on repique en mettant les poireaux à dix-huit centimètres de distance, et à huit ou dix centimètres de profondeur. L'arrosage doit suivre immédiatement ces opérations, afin de bien asseoir le plant.

Dans certaines localités, on donne aux trous destinés à recevoir les poireaux une assez grande profondeur; on se borne, d'abord, à n'enterrer que les racines, mais, au fur et à mesure que la plante grandit, on comble le trou avec de la terre fine ou du terreau : toute la partie mangeable se trouve ainsi enveloppée de terre jusqu'au point où les feuilles prennent une libre expansion. Autant que faire se peut, on choisit un temps frais ou disposé à la pluie pour repiquer.

Il est d'usage, pendant la végétation, de couper à diverses reprises les feuilles du poireau pour faire grossir la tige.

Quand on veut de la précocité, on sème vers la fin d'août ou au commencement de septembre; on laisse le jeune plant en place pendant tout l'hiver, et on le repique en février ou mars; mais alors il est plus ex-

posé à monter ; on obvie à cet inconvénient en l'arrachant de nouveau pour le replanter immédiatement.
Un buttage, quand le poireau est parvenu à la moitié

de son développement, allonge la partie blanche du légume ; cette opération s'effectue avec facilité quand les plantes sont en lignes ; on se sert alors de la terre de l'intervalle des lignes pour chausser.

Ainsi que pour la plupart des végétaux, on réserve comme porte-graines les pieds de poireaux les plus vigoureux ; ils passent très-bien l'hiver en terre. Au printemps, ils montent rapidement ; on les soutient par des tuteurs quand les ombelles commencent à laisser voir leurs graines ; on coupe les tiges à maturité, en leur laissant vingt-cinq centimètres de longueur ; ces queues aident à les lier par paquets : on n'a plus qu'à les faire sécher dans un endroit sec, en ayant soin de placer, au-dessous des paquets, un linge ou du papier pour recevoir les graines qui se détachent. La semence garde sa propriété germinative pendant deux ans.

On connaît plusieurs variétés de poireaux : le *poi-*

reau long ou *d'été*, le *poireau court d'hiver*, le *gros court de Rouen*; ce dernier atteint une grosseur énorme.

Le poireau long, sujet à geler, se conserve dans des jauges peu profondes, couché jusqu'aux feuilles; il suffit d'abriter les autres variétés d'une simple couche de feuilles ou de litière.

Poirée.

On cultive deux variétés de poirée: l'une, la *poirée ordinaire*, est employée dans le but de corriger l'acidité de l'oseille; ses feuilles, pour être tendres, doivent être coupées très-souvent; l'autre, la *carde-poirée*, caractérisée par l'épaisseur de ses côtes, qui généralement sont blanches et succulentes, entre dans l'alimentation comme les cardons.

La carde-poirée veut une bonne terre consistante, mais cependant plus légère que forte, et dans tous les cas bien ameublie et bien fumée.

On sème à la volée ou en lignes dans les mois de mars ou d'avril, et l'on repique aussitôt que le plant est assez fort pour supporter cette opération. Les plants doivent être espacés à cinquante centimètres en tous sens; ils ne demandent, pendant leur végétation, qu'à être sarclés, binés et fréquemment arrosés.

Les semis faits au printemps sont bons à consommer en hiver; pendant cette saison, on les couvre de feuilles ou de litière, ou bien on les butte; les semis faits à la fin de juillet ou au commencement d'août fournissent des cardes pour le printemps.

La plante monte en graine à la seconde année; la semence est bonne pendant cinq ou six ans.

Pois.

Les pois se plaisent dans une terre franche, ameu-blie par une bonne culture et en bon état de fertilité. Ils ne viennent jamais mieux que lorsque le sol n'en a point encore porté; ils ne veulent pas revenir souvent à la même place, et leur retour sur eux-mêmes exige un intervalle de trois ou quatre ans, même dans des terrains fertiles. Les fumures fraîches ont l'inconvénient de faire pousser les pois plus en feuilles qu'en grains : la présence d'une certaine quantité de calcaire dans le sol les rend plus savoureux et plus aptes à la cuisson.

Dans les pays où les fortes gelées ne sont pas à crain-dre, on sème les pois dès le mois d'octobre; dans les localités où les hivers sont très-rigoureux, on attend ordinairement le mois de mars ou d'avril pour commencer les premiers semis ; à partir de cette époque, on peut semer tous les quinze jours jusqu'à la fin de juillet. Lorsqu'on veut avoir des pois de très-bonne heure, on sème sur couche en janvier ou février, pour repiquer en bonne exposition dans le courant de mars ; mais c'est là une culture de luxe, partant exceptionnelle.

La semaille s'effectue de deux manières : en lignes ou à pochets. Par le premier procédé, on trace des lignes à trente-deux centimètres les unes des autres, et l'on espace les graines à quelques centimètres dans les lignes ; par pochets ou touffes, on ouvre de petites cuvettes de 25 à 30 centimètres, et on y dépose cinq ou six graines, qu'on recouvre de six centimètres de terre en tassant légèrement le sol. Pour les variétés naines, on se contente, à la levée, de donner un léger binage, suivi d'un demi-buttage lorsque la plante est assez forte pour supporter cette opération.

Quant aux espèces grimpantes, il faut, indépendamment de cette culture, leur donner des rames. Les menues branches de chêne, de charme et de hêtre sont les meilleures de toutes pour servir de tuteurs ; on place les plus petites au milieu, et on les flanque, sur chaque côté, de rames plus grandes, en les inclinant légèrement les unes vers les autres, sans qu'elles se croisent, afin de ne pas intercepter l'air et la lumière dont les végétaux à croissance rapide, comme les pois, ont plus besoin que d'autres : les rames sont appliquées peu de temps après que les pois sont sortis de terre.

Quand ils ont acquis un développement suffisant, on pince l'extrémité des tiges afin d'arrêter la végétation folle, et obliger la sève à se jeter sur les fleurs et les fruits déjà noués : la formation du grain s'en trouve accélérée ; lorsqu'on néglige cette précaution, les pois ne cessent de fleurir jusqu'aux gelées, mais, par suite de l'abaissement de la température, les fleurs ne muent pas, ou du moins la formation du grain reste rudimentaire et n'est d'aucun usage.

Suivant qu'on veut récolter en vert ou en sec, on cueille les pois à demi-maturité ou à maturité complète. Les premiers semis doivent être préférés, à réussite égale, pour fournir la semence ; celle-ci se garde pendant trois ou quatre ans ; elle est souvent attaquée par la bruche ; les semis tardifs en sont généralement préservés.

Les principales variétés de pois nains à écosser sont : le *nain hâtif*, le *nain de Hollande*, le *nain vert de Prusse*. Les pois à écosser à rames offrent, comme variétés principales : le *prince Albert*, le *pois Michaux*, le *pois de Marly*, le *pois de Clamart* et le *pois ridé*. Le pois de Clamart est le plus tardif de tous ; comme *mange-tout*, on doit donner la préférence au *nain hâtif de Hollande*, au *pois sabre* et aux *mange-tout à cosse blanche* et *à cosse jaune*.

Pois chiche.

Ce légume, dont la culture convient plus au midi qu'au reste de la France, est plus souvent du domaine de la grande culture que de la culture maraîchère ; néanmoins, comme il entre dans l'alimentation et qu'il constitue un mets assez délicat, on ne peut le passer sous silence.

Le pois chiche réussit dans les terres calcaires les plus sèches ; il vient aussi dans les terrains siliceux, ce qui ne l'empêche pas de prospérer encore dans les terres substantielles, plus ou moins riches en vieil engrais. On le sème généralement en lignes espacées de trente à quarante centimètres, les graines se trouvant à huit ou dix centimètres les unes des autres dans chaque ligne; de simples binages pendant la végétation lui suffisent. On récolte quand les tiges et les gousses ont pris une teinte jaune prononcée. On arrache les tiges à la main, on les laisse sécher sur le sol, et on les rentre ensuite dans un endroit sec pour les battre au fléau quand la culture en est faite en grand, et pour les écosser à la main lorsqu'il s'agit d'une petite culture.

Pommes de terre.

Les principales variétés de pommes de terre cultivées pour la table sont : la *Marjolin*, la *Schaw*, la *truffe d'août*, les *longues rouge* et *jaune*, et la *patraque jaune*.

Toutes les terres bien travaillées et bien fumées leur conviennent, cependant leur qualité varie beaucoup suivant le terrain. Dans les terres sablonneuses, les pommes de terre acquièrent moins de volume, mais elles dégénèrent moins vite et elles sont généralement meilleures; les terres franches, substantielles, sont celles où, toutes choses égales, elles réussissent le mieux, où elles donnent qualité et quantité, et où elles gardent plus longtemps leurs propriétés distinctives.

En grande culture, il est d'usage de fumer tout le terrain destiné aux pommes de terre; mais dans la culture maraîchère on se borne souvent à ne fumer que l'endroit spécial ou le trou où l'on plante, sans toutefois marchander l'engrais, source principale de produits abondants.

Lorsqu'on veut récolter de bonne heure, dans les pays où l'on ne craint pas les gelées tardives, on plante dès la fin de février ou les premiers jours de mars ; dans ceux, au contraire, où l'hiver se prolonge davantage, on plante seulement vers la fin de mars

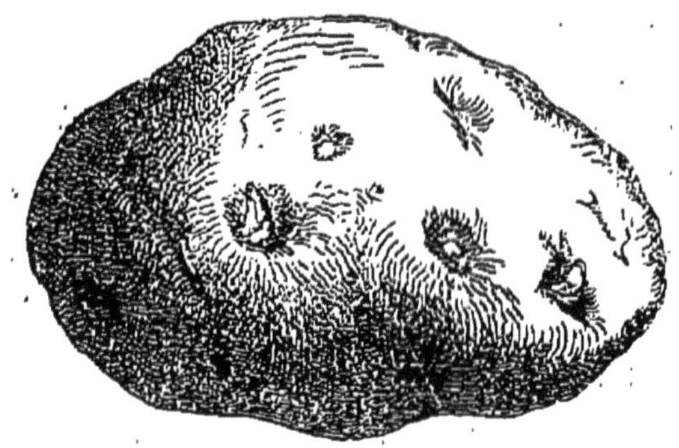

et, mieux encore, dans le courant d'avril ; les dernières plantations peuvent avoir lieu jusqu'à la fin de mai.

Le terrain, pour les pommes de terre, doit être labouré profondément, largement fumé et tenu constamment meuble et net de mauvaises herbes. On plante en lignes ou à pochets en mettant les tubercules à soixante centimètres dans tous les sens ; quand on les plante très-serrés, ils produisent moins et restent plus petits. Un binage aussitôt après la sortie de la plante lui est très-utile. On donne un premier buttage quand la pomme de terre a atteint environ trente-deux centimètres de hauteur et on butte une seconde fois à l'apparition des fleurs. Ces buttages, toutefois, là où le terrain n'est pas trop sablonneux et a du fond, ne sont pas indispensables ; on peut très-bien les supprimer en se bornant à répéter les binages aussi souvent que le sol les réclame : pour beaucoup de variétés, les tubercules se développent d'autant mieux, qu'ils sont moins dérangés pendant leur formation.

Généralement, on abandonne la pomme de terre à elle-même sans lui donner d'arrosages autres que ceux qu'elle reçoit du ciel ; cependant, si la pluie se faisait trop attendre, et si les plantes souffraient de la sécheresse, il ne faudrait pas craindre d'arroser, mais toujours modérément, car l'excès d'eau, s'il favorise l'abondance des produits, nuit singulièrement à la qualité des tubercules.

La maturité s'annonce par la teinte jaune et flétrie que prennent la tige et les feuilles ; mais, pour les besoins de la table, on n'attend pas que la plante touche à sa fin ; on peut prendre les tubercules dès qu'ils ont une grosseur suffisante, alors même que la pellicule n'est point encore durcie. Pour la reproduction, il en est autrement ; on ne doit récolter que lorsque les tubercules ont atteint leur vrai point de maturité ; ce n'est qu'à cette condition qu'ils se gardent bien. Les pommes de terre de moyenne grosseur doivent être préférées pour la plantation, on n'est pas obligé de les diviser, et elles renferment assez d'yeux pour émettre des pousses vigoureuses.

Les pommes de terre se gardent très-bien en cave où dans des celliers. Si la maladie les atteint en cet état, il suffit, pour l'arrêter, de faire brûler de la fleur de soufre dans le local où on les tient renfermées ; elles conservent, dès lors, leur faculté nutritive, mais elles sont désormais impropres à la reproduction, le gaz acide sulfureux a tué radicalement leurs germes.

Pourpier.

Cette plante charnue, de saveur peu relevée, est usitée en salade, et peut aussi se manger cuite.

On en connaît deux variétés, le *pourpier à feuilles vertes*, et le *pourpier doré*; on les sème ordinairement en mai dans une terre de consistance moyenne et bien ameublie, sur vieille fumure ou du moins sur engrais consommé. Il faut semer clair et enterrer la graine très-légèrement; on se contente souvent de la recouvrir d'une petite couche de terreau, en plombant le terrain. Le pourpier ne demande que quelques binages et des arrosages fréquents. La semence doit être prise sur les pieds les plus vigoureux, provenant des premiers semis; elle garde longtemps sa faculté germinative.

Quinoa.

Le quinoa, plante originaire des plateaux élevés de l'Amérique, peut remplacer l'épinard pendant l'été; ses feuilles acquièrent un grand développement.

La culture du quinoa est fort simple. Il n'est pas difficile sur le sol; il vient mieux, cependant, dans les terres légères suffisamment fraîches que dans les terres fortes. On le sème depuis la fin d'avril jusqu'en juillet. La semaille peut avoir lieu en lignes ou à la volée; dans le premier cas, les lignes sont espacées à quarante centimètres, et les plantes, une fois éclaircies, se trouvent à cinquante centimètres les unes des autres. A la levée, on bine et l'on arrose; plus tard, lorsque la plante a pris un certain développement, qu'elle est arrivée à quarante centimètres environ de hauteur, on pince la sommité ; des branches secondaires sortent alors abondamment de l'aisselle des feuilles ; plus les arrosages sont fréquents, plus la végétation est vigoureuse : les feuilles se cueillent pendant tout l'été.

Quand on veut produire soi-même la graine de quinoa, il faut bien se garder d'écimer ; les jets latéraux seuls doivent être supprimés à mesure qu'ils paraissent. Les porte-graines resteront sur pied le plus longtemps possible ; lorsqu'ils sont bien mûrs, on coupe les sommités et on en forme des paquets qu'on expose à un courant d'air pour en achever la dessiccation. La graine est bonne pendant deux ou trois ans.

Radis.

Toutes les variétés de radis, et elles sont nombreuses, peuvent être rapportées à deux divisions : les radis à racines rondes et les radis à racines allongées : ces derniers sont généralement désignés sous le nom de *raves*.

A la première catégorie appartiennent les *radis roses, blancs, gris, et jaunes* ; la seconde catégorie comprend, entre autres, la *rave blanche*, la *rave violette* et la *rave saumonée*, excellentes pour pleine terre ; la *petite rave hâtive* et la *rouge longue* sont préférées comme primeurs.

Les radis de Chine conviennent spécialement pour l'arrière-saison.

La culture des radis et des raves est exactement la même. Ces plantes demandent une terre légère, constamment fraîche. Le point essentiel, ici, est de produire rapidement. Pour avoir des radis tendres, il ne faut épargner ni le fumier ni les arrosages ; les engrais doivent être toujours employés décomposés, réduits, autant que possible, à l'état de terreau. La graine veut être à peine enterrée ; on se trouve bien après le semis, de plomber légèrement le sol, la semence lève d'autant plus vite.

Quand les radis sont faits en bonnes conditions, ils sont bons à prendre au bout de trois semaines environ ; leur croissance rapide permet de ne pas leur consacrer un terrain spécial : aussi les sème-t-on souvent parmi les carottes, les laitues, les oignons.

Les premiers semis doivent se faire à bonne exposition, au pied d'un mur, si l'on se trouve dans un climat plutôt froid que chaud ; les semis d'été réclament l'ombre, ils sont très-bien placés au soleil levant ; une exposition trop prolongée au soleil, dans cette saison, altère sensiblement la qualité des racines.

Les radis d'automne se sèment jusqu'à la fin de septembre.

Les radis, comme toutes les crucifères auxquelles ils appartiennent, s'hybrident avec une extrême facilité. Lorsqu'on veut produire sa graine, il faut choisir les individus les plus vigoureux et les mieux conformés; on les conserve, en hiver, dans du sable à peine frais, pour les mettre en place au printemps, à quarante centimètres, au moins, de toutes les variétés auxquelles ils pourraient mélanger leur poussière séminale, et même avec cette précaution il est bien difficile d'éviter le croisement des races : le vent, les insectes ne sont que trop souvent les intermédiaires de ces mariages naturels.

Les radis porte-graines sont à leur vraie place dans une terre substantielle qu'on arrose de temps en temps; il faut les munir de tuteurs. Ils mûrissent vers le mois de juillet. Quand la plupart des siliques sont jaunes, on arrache les plantes et on les suspend dans un local où l'air et le vent aient un libre accès; la graine y acquiert bientôt toute sa perfection; elle se conserve pendant quatre ou cinq ans.

Le *radis noir* d'hiver ou *raifort* se sème dans le courant de juin, et est bon à récolter en automne ; il se garde pendant tout l'hiver, en cave ou en cellier, dans du sable.

Raifort sauvage.

Sous ce nom, on cultive une plante qui offre assez d'analogie avec le raifort cultivé; elle en diffère cependant par ses caractères génériques.

Tandis que le raifort cultivé a la peau noire et la chair blanche, le raifort sauvage a ses racines jaunes en dehors et blanches en dedans. On les consomme râpées; en y ajoutant du sel et du vinaigre, elles forment un condiment qui aiguise l'appétit.

La culture du raifort sauvage n'offre aucune difficulté; cette plante vient dans toute espèce de sol et à toute exposition ; on peut, en quelque sorte, l'abandonner à elle-même, pourvu qu'on la débarrasse des mauvaises herbes et qu'on l'arrose de temps en temps ; des binages, néanmoins, favorisent beaucoup son développement.

Le raifort sauvage se multiplie de graine ou par éclats, qu'on aura soin de placer, au printemps, dans une terre bien labourée et suffisamment fumée, à six ou huit centimètres de profondeur, et à trente-cinq centimètres les uns des autres.

Le raifort, mis en terre au printemps, peut être déjà employé à l'automne ; mais il est préférable de ne le récolter qu'à la seconde année : quand on veut qu'il ait deux ans de pousse, on le dépose l'hiver en cave dans du sable sec, pour le replanter au printemps.

Salsifis.

Cette plante préfère à toute autre un sol profond, de moyenne consistance, gras, mais où l'humidité ne séjourne pas.

On prépare le terrain pendant l'hiver en ne craignant pas d'enfoncer la bêche fort avant, car la racine du salsifis se développe d'autant mieux, qu'elle peut pivoter plus à son aise. On fume avec du fumier décomposé, et, le printemps venu, la surface du sol étant bien ameublie, on sème en lignes distantes de vingt-cinq à trente centimètres, et l'on recouvre la graine d'une légère couche de terreau ; pour peu que le temps soit à la sécheresse, on donne immédiatement un arrosage.

La levée est ordinairement très-chanceuse ; c'est pourquoi, sans semer trop dru, on peut ne pas épar-

gner la semence, sauf à éclaircir dès que le plant
sera bien sorti ; on espace ce dernier à quinze centimètres dans les lignes.

Pendant leur première végétation, les salsifis demandent à être sarclés et binés avec soin. Il est utile
de les arroser souvent, jusqu'à ce qu'ils couvrent
complètement le sol ; sarclages et binages ne sont
plus alors nécessaires, mais il est bon de continuer
l'arrosage pour imprimer à la plante un rapide essor.

Dans les climats froids, les salsifis ne poussent pas,
l'hiver, en pleine terre ; on les récolte aussitôt l'apparition des premières gelées, et on les conserve en
cave après les avoir écimés. Les feuilles peuvent,
cependant, être utilisées comme salade, de même que
la barbe de capucin : il suffit de les faire blanchir par
le même procédé.

Les porte-graines doivent être choisis parmi les
salsifis qui présentent les racines les plus longues,
les plus grosses et les plus unies ; on leur fait passer
l'hiver en cave, et on les replante, au printemps, en
lignes espacées de vingt-cinq centimètres. On récolte
les graines dès que les aigrettes sont sur le point de
se détacher, autant que possible, le matin, de peur
que le soleil et le vent ne les dispersent.

Scorzonères.

Les scorzonères se distinguent à première vue des
salsifis, par leur racine noire à l'extérieur et blanche
au-dedans, tandis que celle du salsifis est entièrement blanche ; leurs feuilles servent aussi à les re-
connaître : lisses et étroites dans le salsifis, elles sont
larges et duveteuses dans les scorzonères.

Les terres plutôt légères que fortes, profondément remuées et en bon état de vieille fertilité, sont celles qui conviennent le mieux pour les scorzonères.

Suivant qu'on veut utiliser la racine dès la première année ou seulement à la seconde, on sème, dans le premier cas, en mars ou avril, et, dans le second cas, vers la fin de juillet ou dans la première quinzaine d'août.

Après avoir bien ameubli le sol et l'avoir rafraîchi, quelques jours à l'avance, par une mouillure, s'il est trop sec, on sème en lignes et épais, parce que beaucoup de graines sont infertiles, et que les oiseaux en détruisent une partie à la levée; les lignes doivent être à vingt-cinq centimètres les unes des autres. La semence est recouverte par une légère couche de terreau; il est bon d'arroser immédiatement le semis. Lorsque les plantes sont bien levées, on les éclaircit, de manière qu'elles soient à quinze centimètres de distance, et l'on donne, en même temps, un binage que l'on répète dès que la terre se durcit; on arrose soir et matin si le besoin s'en fait sentir.

Les scorzonères passent très-bien l'hiver en terre, la gelée ne leur fait aucun mal. Quand la végétation a été vigoureuse, on peut consommer les racines dès l'automne de la première année, mais elles n'acquièrent tout leur développement qu'à la seconde année. Elles montent en graines vers la fin de septembre ou le commencement d'octobre, lorsqu'elles ont été semées en avril; si on veut les garder pour l'année suivante, il est nécessaire de couper les tiges montées, la racine n'en prend que plus de volume; on ne garde que celles destinées à porter graines.

La semence ne conserve pas sa propriété germinative au-delà de deux ans.

Tétragone.

Succédanée des épinards, comme l'arroche et le quinoa, la tétragone résiste très-bien aux fortes chaleurs de l'été ; elle fournit, à cette époque, un légume agréable et très-sain.

La tétragone veut une terre de moyenne consistance et bien pourvue d'engrais ; les vieilles fumures lui conviennent mieux que le fumier frais. Dans un sol bien labouré et bien émietté, on sème, dans le courant d'avril, sur terreau et à bonne exposition, trois ou quatre graines par touffes : le plus beau pied qui en provient est seul conservé.

La plante étendant ses tiges sur le sol et ne se relevant qu'à ses extrémités foliacées, il convient de lui ménager l'espace nécessaire à son développement ; soixante centimètres en tous sens ne sont pas trop. Plus il fait chaud, plus la tétragone prospère ; on favorise sa croissance par des arrosages donnés à propos. Bien conduite, la tétragone couvre promptement le sol. On peut commencer déjà à cueillir la tétragone dès la fin de juin, elle repousse promptement et fournit sans peine quatre ou cinq nouvelles cueillettes ; les feuilles doivent être prises à l'extrémité des pousses, elles procurent un bon épinard d'été.

Tomate.

On connaît plusieurs variétés de tomates ; les plus généralement cultivées sont : la *grosse rouge*, la *rouge hâtive* et la *grosse tomate jaune*.

On peut semer sur couche ou en place. Dans le

premier cas, le semis se fait de bonne heure, sous châssis, pour repiquer en pleine terre, à bonne exposition, lorsque les froids sont passés. Dans le second cas, on sème à la fin d'avril ou dans le courant de mai sur un sol préalablement bien labouré, bien ameubli et richement pourvu d'engrais ; on répand une couche de terreau sur le semis qui se fait généralement en lignes. Le plant venu sur couche, puis repiqué, convient mieux que le semis sur place dans les pays où la température n'est pas très-chaude ; on obtient ainsi une maturité plus précoce, et puis, il ne faut pas oublier que la tomate, quand elle est jeune, périt à la moindre gelée.

On place généralement les tomates en lignes ou en bordures à soixante-dix centimètres les unes des autres. Lorsqu'elles ont atteint trente-cinq à quarante centimètres d'élévation, on leur donne des tuteurs qu'on dispose en forme de treilles ou d'éventail ; on les y attache, et on pince le sommet des tiges principales à quatre-vingts centimètres de hauteur ; toutes les pousses secondaires au-dessus des fleurs doivent être également supprimées. Dans les pays où l'été n'est pas très-chaud, au fur et à mesure que quelques fruits mûrissent, on effeuille avec précaution ; quand les fortes chaleurs sont tout à fait passées, on augmente l'intensité de l'effeuillage, de manière que le fruit soit bien exposé au soleil ; on récolte graduellement les fruits les plus mûrs jusqu'à ce que les gelées y mettent fin.

La graine conserve sa faculté germinative pendant trois ans.

APPENDICE

Culture des champignons de couche.

Bien des champignons fournissent un mets aussi sain qu'agréable ; tels sont, entre autres, l'oronge, le cep ou bolet comestible, la chanterelle, l'agaric comestible, la morille et surtout la truffe ; mais une seule espèce, l'*agaric comestible*, généralement désigné sous le nom de *champignon de couche*, est soumise à la culture ; comme elle est l'objet d'un commerce considérable dans certaines grandes villes, et qu'elle peut être introduite partout sans grande dépense ni difficulté, il n'est pas hors de propos de retracer, à la suite de la culture maraîchère, les procédés à l'aide desquels on peut se procurer cet excellent champignon.

Tout d'abord, il ne saurait être confondu avec les espèces malfaisantes, ses caractères distinctifs sont faciles à saisir. Son chapeau charnu, convexe, de couleur roussâtre, quelquefois entièrement blanc, offre une superficie sèche, légèrement squammeuse et plucheuse, rarement lisse. Les lames du chapeau sont droites, inégales, serrées et n'adhèrent pas au pied ou pédicule ; couleur de chair dans leur premier développement, elles passent au rouge vineux dans la plante

adulte, et finissent par devenir noirâtres en vieillissant. Le pédicule est plein, charnu, cylindrique, quelquefois renflé à sa base ; sa couleur est blanche ; il
est, de plus, pourvu d'un anneau blanc, plus ou moins
complet.

Les espèces délétères, l'oronge-ciguë et l'oronge-
citron, avec lesquelles on confond malheureusement
trop souvent le champignon de couche, se reconnais-
sent avec un peu d'attention, à leur pédicule toujours
bulbeux à la base et à leurs lames toujours blanches ;
le chapeau de l'oronge-ciguë est de couleur vert-olive
ou jaunâtre, quelquefois blanche dans la variété prin-
tanière ; dans l'oronge-citron, ce chapeau, ordinairement jaune-pourpre, est quelquefois verdelet, blanc-
grisâtre ou fauve, et toujours recouvert de pellicules
blanches, irrégulières ; chez l'une et l'autre espèce,
il commence par être convexe et prend ensuite la
forme aplatie, ce qui n'a jamais lieu dans l'agaric
comestible.

Le champignon de couche se cultive habituellement
dans les carrières abandonnées, dans les caves ainsi
que dans tout endroit où règnent une demi-obscurité
et une température douce, à peu près toujours égale ;
on peut, pareillement, le faire venir sur couche en
plein air ; voici comment on y procède. Point essentiel, le fumier de cheval est le seul qu'on doive employer pour cette culture. Après l'avoir laissé en tas
pendant un mois ou six semaines, on le transporte
sur une plate-forme solide et bien unie ; on le trie
avec une fourche, on en retranche la litière longue
non imprégnée des excréments des animaux, et l'on
enlève tous les débris pierreux ou ligneux sur lesquels
le champignon de couche ne prend pas.

Au fur et à mesure qu'on épure de cette manière

le fumier, on en forme une couche carrée de 70 à 80 centimètres d'épaisseur et d'une longueur détermi- née; on l'appuie d'abord avec le dos de la fourche, puis on piétine et l'on arrose fortement: après que la

couche a été bien mouillée, on la piétine derechef, et on l'abandonne en cet état pendant une dizaine de jours.

La fermentation ne tarde pas à se déclarer. La couche s'échauffe de plus en plus, et bientôt sa surface présente un aspect blanchâtre , conséquence des moisissures qui s'y sont développées. Ce laps de temps écoulé, on culbute, de fond en comble, la couche, e on la reconstitue sur le même plancher, au moyen des mêmes piétinements et de la même mouillure, mais avec cette modification importante, que le fumier bordant primitivement la plate-forme se trouve refoulé vers le centre de la couche ; cette dernière est alors peignée avec soin et l'on pare avec le dos d'une pelle toutes ses surfaces extérieures.

La couche, ainsi remaniée, est laissée à elle-même pendant huit ou dix jours; ce temps suffit pour lui donner la souplesse, le moëlleux et l'onctuosité dont elle a besoin pour être convertie en *meule ;* sous cette transformation , elle ne doit plus exhaler d'odeur de fumier, et son intérieur ne doit être ni trop sec, ni trop humide.

Les meules, aux environs de Paris où la culture du champignon de couche s'exerce sur une grande échelle, mesurent 66 centimètres de largeur à la base, autant en hauteur, et présentent la figure d'un dos d'âne; elles sont placées parallèlement à 50 centimètres les unes des autres.

Quand la couche remaniée ne conserve plus qu'une chaleur douce, ce dont on s'assure en la sondant avec la main, on la *larde*, c'est-à-dire qu'on y pratique de petites ouvertures à cinq centimètres du sol, sur une seule ligne, autour de la meule, et à 32 centimètres les unes des autres. On y introduit une *mise* ou galette de blanc de champignon, qu'on enferme dans la meule en rabattant le fumier par-dessus : il n'y a plus alors qu'à couvrir la meule d'une litière sèche de 10 centimètres d'épaisseur, appelée *chemise*. Douze jours environ après cette opération, on visite les meules, on soulève le bas de la chemise, on examine les endroits où les galettes ont été placées ; si le blanc a bien pris, l'intérieur de la meule est tout parsemé de filaments blancs : c'est le moment favorable pour *gopter*.

Le goptage consiste à garnirra meuie préalablement mouillée, d'une terre très-fine de trois centimètres d'épaisseur ; on la maintient avec le dos de la pelle qui a servi à la *lancer* ; cela fait, on remet la chemise à sa place. Il faut environ 3 semaines pour que le blanc se fasse jour à travers la terre dans le bas de la meule, et que les champignons s'y montrent ; la cueillette, dès lors, ne se fait pas attendre. Lorsque les meules sont en pleine activité, on peut y prendre des champignons chaque deux jours, et continuer ainsi la récolte pendant deux ou trois mois. Chaque fois qu'on fait une cueillette, il faut avoir soin de mettre du terreau à la place qu'occupaient les champignons, et de rabattre la chemise sur ces points ; dans les années sèches, on se trouvera bien d'arroser, de temps en temps, cette chemise pour maintenir une certaine fraîcheur dans la terre de la meule.

Telle est la culture en plein air du champignon de couche ; dans les caves ou les carrières, elle se pratique de la même manière ; seulement, l'obscurité des lieux dispense de revêtir les couches d'une chemise : il suffit de fermer et portes et soupiraux, afin que le jour n'y pénètre pas, mais surtout afin de mettre les champignons à l'abri des variations de l'air extérieur : dans ces conditions d'obscurité et de température naturelles, les meules sont toujours plus fertiles qu'à l'air libre.

Les vieilles couches qui ont cessé de produire, fournissent d'excellent *blanc*; pourvu que celui-ci soit logé dans un endroit bien sec, dans un grenier, par exemple; il se conserve pendant de longues années, sous forme de plaques ou galettes.

FIN

TABLE DES MATIÈRES

Appendice.

Coulommiers. — Typ. P. BRODARD et GALLOIS.

9 782019 933548